高等工程人才研究

赵海峰 著

教育部人文社会科学研究专项任务项目（14JDGC016）
国家自然科学基金项目（G0724007） 资助

科学出版社

北 京

内 容 简 介

作者以一系列的实地调研、访谈、问卷调查等实证分析手段搜集及总结资料，对我国高等工程人才的历史与发展进行梳理，对人才的现状及培养前景做了详细的讨论。全书共分七章，具体内容包括工程科技人才现状、典型领域工程科技人才需求预测、工程科技人才评价、工程科技人才成长规律、工程科技人才培养研究、高等工程教育布局研究、高等工程科技人才的问题与建议等。

本书适合教育、工程领域相关企业人员，高等院校师生，科研人员及相关的工作者阅读。

图书在版编目(CIP)数据

高等工程人才研究 / 赵海峰著. —北京：科学出版社，2017.11
ISBN 978-7-03-055255-6

Ⅰ. ①高… Ⅱ. ①赵… Ⅲ. ①技术人才–人才培养–研究–中国

Ⅳ. ①G316

中国版本图书馆 CIP 数据核字(2017)第 275657 号

责任编辑：魏如萍 / 责任校对：贾娜娜
责任印制：吴兆东 / 封面设计：无极书装

科 学 出 版 社 出版
北京东黄城根北街 16 号
邮政编码：100717
http://www.sciencep.com

北京通州皇家印刷厂印刷
科学出版社发行 各地新华书店经销
*

2017 年 11 月第 一 版 开本：720×1000 1/16
2017 年 11 月第一次印刷 印张：12
字数：238 000

定价：86.00 元
(如有印装质量问题，我社负责调换)

序　言

"21 世纪最缺的是什么？人才！"这样一句经典台词引起无数人的共鸣。我1993 年参加工作后就体会着企业"招聘人才、培养人才、选拔人才、激励人才、留住人才"的艰难，到 2004 年从事博士后研究时，更是从学术研究中体会了这句经典台词的丰富内涵。

我在从事博士后研究期间，完成了由朱高峰院士、王众托院士担任负责人，郭重庆院士、李京文院士、汪应洛院士牵头的中国工程院咨询项目"中国新兴工业化进程中工程管理教育问题研究"的研究，奠定了后续人才项目的研究基础。随后相继主持完成了国家自然科学基金项目"我国工程管理教育现状与发展策略研究"和中国工程院"创新型工程科技人才培养研究"，积累了相关研究成果之后，本书最终是在教育部人文社会科学研究专项任务项目（工程科技人才培养研究）"我国制造业转型升级背景下高等工程教育布局研究"及国家自然科学基金项目"我国工程管理教育现状与发展策略研究"资助下完成。

国务院 2015 年颁发了《中国制造 2025》，为我国制造业未来发展描绘出新的蓝图。"中国制造 2025"需要有良好工程技术背景、语言水平和国际视野，熟悉国外政治环境、法律环境及人文习俗的复合型高素质人才。为实现"中国制造2025"的跨越发展，急需大量熟悉各领域工程技术现状并且具有颠覆性思维的创新性人才。由于我国经济发展的不均衡，制造业转型升级的三方面在不同的地区有明显的差别，迫切需要的工程科技人才也在不同地区有明显的差异，所以结合"中国制造 2025"和区域产业布局的工程科技人才培养就愈发显得重要，需要我国高等工程教育的合理布局来实现。

本书即结合"中国制造 2025"的主要行业和发展趋势特征对工程科技人才的需求进行预测，剖析工程科技人才的现状及主要特征，并且探索工程科技人才的成长规律，对这些区域的高等工程教育规模、层次和内容等布局问题进行分析并提出对策和建议，希望研究结果对我国工程教育的未来发展定位和规划有借鉴意义。

　　本书的理论深入浅出并且对国内外人才情况进行了详细的分析，希望读者通过阅读本书，不仅能够了解工程科技人才的培养情况，而且能对相关领域的现状有大致的了解。

　　本书历经十余载的积累，是自己多年从事工程科技人才培养研究的成果汇集。感谢在本书的写作过程中，中国工程院朱高峰院士、王众托院士、汪应洛院士和郭重庆院士提出的宝贵意见与建议，研究生姜玮佳、孙艳秋、栾晓曦、周威宇、祝超、王婷、冯修己协助搜集资料并进行材料分析工作。在本书的编写过程中，曾参考和引用了部分国内外有关的研究成果和文献，在此一并向所有帮助过本书编写和出版的朋友表示诚挚的感谢！特别感谢科学出版社的大力支持，正是大家的共同努力，这本书才得以问世。由于水平有限，书中的疏漏和不足之处在所难免，敬请大家批评指正！

赵海峰

2017 年 8 月

目　　录

第一章 工程科技人才现状

改革开放几十年来，中国依托廉价劳动力市场优势吸引了世界制造产业纷纷向中国转移，这促使中国发展成世界制造业大国，号称"世界工厂"。但是，随着中国劳动力成本的提高，中国逐渐失去了过去凭借廉价劳动力换来的制造业竞争优势。依靠密集廉价劳动力的产业陆续向东南亚发展中国家迁移，中国制造业开始陷入困境。为了改变现状，中国制造业只能走向转型升级的道路，从低附加值、低创新的制造领域转向高附加值、高技术创新的制造领域。"中国制造"向"中国智造"的转变是中国制造业发展方式的转变，更是中国制造业人才从"中国制造型人才"向"中国智造型人才"的转变。2006年，胡锦涛同志曾提出，"建设创新型国家，关键在人才，尤其是创新型工程科技人才"，这足够说明中国制造业要想实现颠覆式创新发展离不开中国创新型工程科技人才的支撑。在国务院推行"中国制造2025"的制造业强国战略的时代背景下，对中国工程科技人才现状进行研究，有助于培养适应未来中国制造业转型升级需求的工程科技人才。

第一节 工程科技人才的界定

与很多概念类似，工程科技人才没有形成广泛的统一认可的定义。学者们往往按照各自在研究过程中的实际需要给工程科技人才下定义。工程科技人才从字面上看是由"工程"、"科技"和"人才"三个词构成。下面本书将分别介绍三个词的含义。

一、工程的定义

"工程"的概念与"科技""技术"的概念往往交织在一起。《科技人力资源手册》中科学的定义为:"科学"是包括自然科学和社会人文科学在内的广义的科学,科学就是知识,主要在于弄清楚自然科学或人文科学产生的原因及其规律,而工程是理论研究、逻辑推理和思维辩证,更强调工程实践活动。

日常生活中所说的"工程"一词,可以有三种含义:第一种含义是将矿石、燃料、水和土地等自然资源转化为人类生产生活所需要的结构、机械、产品、系统的过程;第二种含义是上述活动的成果,如南水北调、高速铁路、宇宙飞船等;第三种含义是在第一种和第二种活动的基础上加以总结与提炼并结合有关学科技术而形成的学科——工程学科。

"工程"这个词在不同的领域有不同的定义,其中典型的定义主要有以下几种。《不列颠百科全书》(*Encyclopedia Britannica*)对"工程"的解释为:应用科学原理使自然资源最佳地转化为结构、机械、产品、系统和过程以造福人类的专门技术[1]。《中国百科大词典》把工程定义为:将自然科学原理应用到工农业生产部门中而形成的各学科的总称。美国管理工程院(USA Management Academy of Engineering,MAE)认为:工程的定义有很多种,工程可以被视为科学应用,也可以被视为在有限条件下的设计。《辞海》对工程的解释有两个:①将自然科学原理应用到工农业生产部门而形成的各学科的总称。这些学科是应用数学、物理学、化学、生物学等基础学科的原理,结合在科学实验与生产实践中所积累的经验而发展出来的。②指具体的施工建设项目。如南京长江大桥、京九铁路工程、三峡工程等[2]。本书中工程具体指:工程建设;新型产品与装备的开发、制造和生产与技术创新、重大技术革新、改造、转型;产业、工程、重大技术布局与战略发展研究等领域。

二、科技的含义

科技包含了科学和技术两层含义,科学和技术是两个分别以发现、发明为核心的人类活动。科学是以探索客观世界的本来面目及其发展规律为内容,是通过概念、判断、推理和假说等逻辑思维形式表现出来的知识体系，是认识世界的成果[3]；技术是人类在认识世界和改造世界的过程中所积累起来的经验、方法、技巧、工艺、能力等的总汇，以及它们的物化形态——工具、仪器等[3]。

三、人才的定义

"人才"最早出现在《诗经·小雅·菁菁者莪》序之中："菁菁者莪，乐育材也，君子能长育人才，则天下喜乐之矣！"[4]这里指出人才应该具备贤和能两种素质。人才学专家王通讯在《人才学通论》中对人才的定义为：人才就是为社会发展和人类进行了创造性劳动，在某一领域、某一行业或某一工作上做出较大贡献的人[5]。人才的概念随着社会的发展不断演变，从汉代的察举制以孝廉为人才选拔的标准，到隋朝的科举制以科举考试为人才的选拔渠道。随着社会的发展，多元化的人才选拔体系已经建立起来，人才选拔的观念已经越来越注重能力、业绩，而不仅仅考量学历和教育背景。本书将人才定义为拥有一定技术能力并且能够不断取得理论或实践创造性成果的人。

四、工程科技人才的定义

工程科技人才的定义主要源于科技人力资源（human resource in science and technology，HRST）的概念。《科技人力资源手册》中将科技人力资源定义为实际从事或有潜力从事系统性科学和技术知识的产生、发展、传播与应用活动的人力资源[6]。杨宏进和邹珊刚认为科技人力资源是指实际或有潜力从事研究与发展、科技成果转化与应用、科技服务等科技活动的人[7]。高树昱从广义和狭义两个方面给出了工程科技人才的定义，其中广义上的工程科技人才是指具有科学或工程相关背景知识的个人或者团队，狭义上的工程科技人才是指科学或工程相关专业的本科阶段的在校大学生[8]。结合本书研究的实际内容，界定本书中提到的工程科技人才为受过科学与工程相关教育或者从事工程领域职业的人才。

高等教育在中国工程科技人才的培养方面起到了积极的作用，各大高等院校在科教兴国的国家战略倡导下，为我国国家建设与发展培养了一大批符合社会主义建设需要的工程科技人才。尤其在工科方面，高等教育更是发挥了积极的人才培养作用。几十年前，全国范围内"学好数理化，走遍天下都不怕"的场景还历历在目。

第二节　中国制造 2025

制造业是中国国民经济的主体,制造业的强弱直接体现一国经济实力的高低。实现中华民族伟大复兴的中国梦需要中国制造业的强力支撑。改革开放以来，中国制造业在国家政策和各经济部门及中国人民的共同努力下发展速度飞快。当前，中国制造业产业体系门类比较齐全、体系较为完整。几十年来，中国制造业总产值实现快速增长。2015 年国家发展和改革委员会举行的新闻发布会给出的数据显示，从规模上看，中国制造业占世界的 1/5 左右。但是，中国制造业"大而不强"的尴尬状况并没有随着规模的扩大而有显著改变。

一、中国制造业的主要问题

（一）技术创新能力不足

技术创新能力不足一直是中国由制造业大国向制造业强国转变的最大阻碍。中国制造业技术能力不足主要表现在以下几个方面：关键核心技术掌握在外国手中。中国制造业规模虽然是世界第一，但是中国制造业往往仅是加工厂。核心技术都牢牢掌握在外国企业的手中。比如，在汽车发动机这个最常见的汽车核心方面，中国一直无法生产出性价比良好的汽车发动机，虽然国内相关人士鼓励中国汽车在新能源领域实现弯道超车，但目前中国新能源汽车领域还尚未产生如特斯拉这种级别的汽车产品。另如，日常生活中普遍见到的个人计算机，无疑上面都贴着"intel inside"字样的标签。中国 80%的计算机芯片都是从国外进口的，其进口价值总额相当于中国每年从国外进口的石油价值总额。2015 年前后，网上很火的中国游客去日本旅游时抢购马桶盖的现象更加揭示了中国制造业在技术创新能力方面尚处于弱势地位。没有核心技术的制造业就只能处在经典微笑曲线的低附加值区间，只能沦落为发达国家的代工厂。缺乏技术创新能力，是中国制造业"大而不强"的最主要原因。中国缺少世界知名制造业品牌[9]。中国经济总量排名世界第二，有望在2025年超过美国，但如此庞大的经济体却很少出现在世界范围内有影响力的公司，很多产品质量参差不齐，出口退货现象更是屡见不鲜。国内很多企业在销售商品时标榜外贸产品，就是暗示消费者该商品的质量没问题，是可以用来出口的。从侧面也可以看出，中国制造业企业对质量的重视远没有达到应该有的高度。中国制造业技术创新能力较弱是由中国技术研发体制导致的，中国的研发经费占国内生产总值（gross domestic product，GDP）的比例与西方发达国家相比差距还是比较明显的。同时，中国主要的研发能力集中在高校和研究所，企业的研发能力相对较弱。而中国当前尚未形成产学研良好的合作模式，导致高校和研究所的技术研发不能很好地进行技术转化。企业只能重复走花钱从国外购买技术及仿制等低技术创新的路线。总之，中国制造业技术创新能力还很弱，需要不断提高。

（二）成本优势逐渐削弱

中华人民共和国成立之后，中国迎来生育高峰期，人口数量剧增，以至于国家不得不提出计划生育的国家战略。拥有世界1/4人口的中国，其多数人口是没有受到很好的高等教育的，只能依靠出卖廉价劳动力换取生活必需品。世界上对劳动力成本比较敏感的制造业企业开始在中国建设工厂，这些工厂的流水线两侧站着满脸稚气的农村剩余的青壮年劳动力。中国也正是在这种条件下，从规模上讲成为世界工厂。但是，世界经济在不断地发展和变化，中国制造业的宏、微观环境也随之改变。

首先，中国人口老龄化趋势明显。在中国出生率高峰时期出生的人群逐渐步入了退休阶段，以及人口出生率的逐渐降低导致中国人口老龄化成为无法避免的问题。人口老龄化带来的是年轻的劳动力人口供应不足，导致了廉价劳动力市场供不应求的局势。其次，制造业技术的发展，让拥有技术、技能的工人拥有更多的找到合适的、高薪水的工作的机会。因此，工人们在学习技术、技能方面的教育投入的费用越来越多，这些教育经费也就体现在工资里。最后，随着服务型社会的发展，人们接受服务的成本越来越高，人们开始面临房价、子女教育的投入等费用的提高，使得人们对薪水的诉求也越来越高。这些因素都诱使中国制造业的成本不断提高。搜狐财经网报道，2013 年中国工人的平均月工资为 635 美元，远高于同期越南的 206 美元和马来西亚的 538 美元。中国劳动力成本的逐渐提高让中国制造业的成本优势逐渐削弱，很多在中国建厂的品牌开始迁出中国，将工厂建到劳动力成本更低的东南亚地区。

（三）产业结构不合理

中国制造业的技术创新能力弱及规模庞大的廉价劳动力让中国制造业在世界制造业低端产业链布局。中国制造业产业结构的不合理主要表现在中国制造业是低水平、低科含量的，只能依靠廉价的劳动力、能源的过量消耗和环境污染为代价。一方面，中国在高技术产业供应不足，如芯片产业和汽车发动机；另一方面，在低技术产业领域，如 LED（light-emitting diode，发光二极管）灯，就出现了产能过剩的情况。产能过剩就开始打价格战，这对于中国制造业是一种内耗。面对发达国家高端制造业"回流"及低端制造业向东南亚发展中国家外迁的双重挤压，中国当前的制造业产业布局无法具有参与到国际制造业竞争的能力。

（四）资源浪费、污染严重

中国过去依靠资源投入的发展方式导致资源严重浪费，中国的经济增长与能源消耗与西方发达国家相比，差距还是很明显的。英国 BP 公司统计数据显示，中国单位 GDP 能耗是世界平均水平的 1.9 倍，与欧美等发达国家或地区相比，中国的单位 GDP 能耗更是高得惊人。

同时，中国前几十年的经济发展造成的环境污染问题日趋严重。城市空气污染问题日益影响着人们的正常生活与工作；工业用水的乱排放造成的水资源污染也影响到生态平衡等。过去依靠生产要素投入不顾效率与效益的粗放式发展方式在新的历史时期越来越受到挑战。这种背景下，中国更加迫切需要转变发展方式，实现可持续发展。

二、西方发达国家"再工业化"的挑战

除了自身存在的问题威胁之外，中国制造业更是受到来自西方发达国家纷纷推行的制造业未来发展战略带来的挑战。2008 年，波及全球的金融危机给世界各国的经济带来深远的破坏性影响，而德国的经济凭借先进的制造业却一枝独秀，这让世界各主要发达国家开始重新审视制造业对国民经济的重要作用，纷纷提出了制造业振兴战略计划。

（一）德国工业 4.0

为了继续保持在全球制造业的龙头地位，德国政府在《德国 2020 高技术战略》中将工业 4.0 确定为未来重点发展的项目。工业 4.0 是建立在前三次工业革命基础上提出来的。工业 1.0 是指 18 世纪蒸汽机和纺织机等发明所带来的机械化生产代替手工生产。工业 2.0 是 20 世纪初，依靠流水线的发明实现大规模批量生产。而工业 3.0 是现代以来依靠信息技术和电子系统实现了自动化生产。工业 4.0 的核心就是智能制造，实现工业化+互联网。未来你可以在手机上打开 App 选中你想要的汽车的外形与配置，然后将信息提交给汽车制造企业，接到你定制化订单的汽车制造商便会按照你的个性化订单进行生产，不可思议。

（二）美国的工业互联网

美国在爆发金融危机之后提出了"再工业化"战略，誓言重新夺回世界制造业市场的霸主地位。互联网技术发达的美国结合自身实际提出了"工业互联网"制造业发展战略。资料显示，工业互联网是利用互联网大数据技术将现实世界中的机器、设备和网络融合为一体，带动工业革命和网络革命两大革命性转变。同时，英国、法国、日本和韩国等国家纷纷提出了自己的未来制造业发展计划。

三、中国的应对战略——"中国制造 2025"

为了应对中国制造业面临的问题及发达国家"再工业化"的新挑战，中国政

府将"中国制造2025"上升为国家战略。政府工作报告中提出：实施"中国制造2025"，坚持创新驱动、智能制造、强化基础、绿色发展，加快从制造业大国转向制造业强国。

国务院于2015年5月向全国各相关机关发布了《中国制造2025》文件，表明中国中央政府开始从中央层面将《中国制造2025》的精神传达到中国各层级政府机关，在全国范围内开展"中国制造2025"的制造业强国战略。对于《中国制造2025》，工业和信息化部部长、党组书记苗圩将其主要内容概括为"一二三四五五十"。

《中国制造2025》全面分析了当前中国制造业的实际状况与其他国家制造业的未来发展战略，提出了基于中国制造业实际情况的第一个制造业强国战略的十年计划，反映出国家对制造业发展的足够重视，以及坚决果断地推进中国制造业转型升级的决心。

第三节　工程科技人才总体状况

经济全球化早已成为不可逆转的趋势，但是在经济全球化背景下世界各国将形成全面竞争格局。而国家之间的竞争表面上看是军备竞赛、经济对抗，从根本上说是国与国之间人才的竞争。为了实现伟大的中国梦，中国提出了一系列重视教育、培养人才的国家战略，如科教兴国战略等。在举国上下的共同努力下，我国的教育特别是中华人民共和国成立初期急需的工程科技人才教育取得了显著的成就，全国范围内建立起完整的工程教育体系，在培养工程科技人才方面取得了显著成就。

中国工程科技人才现状可以由以下几点概括。

1. 中国工程科技人才数量居世界前列

《中国教育统计年鉴》的历年数据显示，截至2006年，我国培养本专科工程科技毕业生近1100万人次，研究生学历的毕业生也近60万人。伴随着中国高考制度的改革，全国范围内普及高等教育。

中华人民共和国成立 60 多年来，我国从教育体系中培养出来大批工程科技人才，为我国经济的高速增长提供了不竭人才储备。相关资料显示，截至当前，我国工程教育培养本专科生 1500 多万人，研究生培养数量为 58 万多人。随着我国高等教育逐步从精英教育模式转变为大众教育模式，如今我国已经成为工程领域人才的培养大国，这让中国工程科技人才规模不断壮大。2006 年，从事工程科技领域工作的国有企事业单位的工程科技人员总数为 1000 万人，其中 280 万左右为科学家和工程师。清华大学技术创新研究中心于 2014 年 9 月发布的《国家创新蓝皮书》指出，我国研发人员总量占到世界总量的 25.3%，而美国研发人员占世界总量的比例为 17%，居世界第一。随着中国工程教育的快速发展，中国工程科技人才队伍不断壮大，从数量上看，中国工程科技人才总量居世界前列。

2. 高精尖、跨学科、创新型工程科技人才比较缺乏

国内外学者在各大期刊上发表的文章几乎同时指出，当前中国工程科技人才规模庞大但是质量偏低。原第二炮兵装备研究院研究员赵少奎在《中国工程科学》期刊上提出，当前我国初中级、继承性、单一学科背景的工程科技人才较多，而正高级、创新型、跨学科背景的高素质工程科技人才数量较少。《国家创新蓝皮书》中指出，我国在培养具备全球化业务能力的工程科技人才方面能力较弱。蓝皮书中还指出，高端创新型科技领域对高层次创新型工程科技人才需求较大。不难看出，高精尖、跨学科和高创新能力的工程科技人才在我国还比较短缺。

第四节　"中国制造 2025"背景下典型领域工程科技人才现状

由于制造业涵盖的领域众多，涉及的面也广，很难对制造业所有领域进行详尽和深刻的研究。考虑到这种情况，本书参考了《中国制造 2025》中提出的未来十大制造业重点领域，选择了有代表性的信息领域、能源领域和航空航天领域这三个领域进行重点研究与介绍。本节通过实地走访与问卷调查等形式获取研究相

关的数据，通过对数据的统计分析得出该领域的工程科技人员整体数量状况和人员结构状况（年龄结构、学历结构和职称结构等）。最后，将当前中国工程科技人才现状与未来发展需要进行对比，指出不足，并提出建议。

一、信息领域

（一）信息领域工程科技人员数量情况

信息领域指的是运用信息手段和技术，收集、整理、储存、传递信息情报，提供信息服务，并提供相应的信息手段、信息技术等服务的领域。随着科技突飞猛进地发展，社会早已经进入了互联网时代。当前，一个国家的信息技术强弱很大程度上影响着一个国家的综合实力。信息技术的发展让人们的生活方式发生了许多重大的转变。通信技术让人类在世界范围内实现即时通信，"互联网+"颠覆了传统的商业模式，"网上购物""网上支付""云服务"等从网络用词变成了习惯用词。这一切的改变都离不开信息技术的支撑。信息领域作为国民经济重要支柱之一，对国民经济的发展具有重要的作用。在制造业转型升级的战略背景下，信息领域被提出作为重点发展领域也就不足为奇了。

信息领域的典型特点是信息技术为知识密集型领域，因此人才的创新与研发能力成为产业转型的关键所在。中国高等工程教育为信息领域的发展培养了一大批技术能力过硬、理论知识扎实的信息领域人才。这群人成为中国发展的基石，带领中国信息技术产业从弱到强跨越式发展，构建了当前中国信息技术世界领先的局面。

由于信息领域快速发展带来的增长的就业机会和较高收入，信息领域的从业人员近十年实现快速增长。根据《中国科技统计年鉴》数据，我国 2013～2016 年信息领域大中型企业工程科技人员数据统计结果见表 1.1。

表 1.1　2013～2016 年信息领域大中型企业工程科技人员数据统计

年度	年末从业人员数/人	工程科技人员数/人	比例/%
2013	2 879 330	426 312	14.81
2014	3 120 976	499 002	15.99
2015	5 296 289	572 083	10.80
2016	3 492 645	416 531	11.93

从表 1.1 可以看出，随着中国信息技术高等教育招生人数的扩张及信息技术产业的快速发展，中国信息领域工程科技人员的总数呈现上涨趋势。信息领域工程科技人员占整个行业的从业人员总数的比例一直维持在 10%以上。2013～2014年有较高的增长趋势。

（二）信息领域工程科技人员结构状况

从总量方面考虑，我国信息领域人才数量显著提高，工程科技人员占从业人员的比例也维持在一个比较可观的水平。那么，信息领域工程科技人员的组成结构层面将会是一个什么样的分布呢？为了从人员组成结构这一角度来研究中国信息领域工程科技人才的现状，本书选择比较有代表性的几家公司进行实地调研。经过对调研数据的处理和分析，可以初步得出中国工程科技人员的组成结构状况。本书将从年龄结构、学历结构和职称结构等层面分析所调研公司的工程科技人员的状况。

1. 年龄结构

调查结果如图 1.1 所示，中国信息领域工程科技人员的年龄主要集中在 31～50 岁，而两端的信息技术工程科技人员数量较少。可见中国信息领域工程科技人员年龄结构呈现"橄榄"形分布特点。从侧面可以看出，当前中国信息领域年轻的工程科技人员占比偏小，而未来中国制造业的转型升级对人数需求的规模将继续攀升，可以预测未来中国信息领域工程科技人才的储备显得不足。

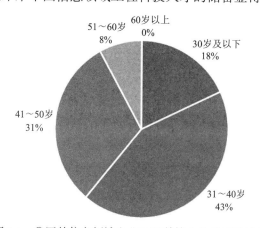

图 1.1　我国某信息领域企业工程科技人员的年龄结构

2. 学历结构

改革开放几十年也是高等教育快速发展的几十年，经过高校扩招，如今大学学历几乎成为现代人的"标配"。重视学历的社会观念无疑对工程科技人才的教育产生积极的影响，进而对工程科技人才的学历结构带来正面的促进作用。对某大型典型企业进行的调查结果如图 1.2 所示，该企业有近 40% 的工程技术人员拥有本科或硕士学历；大专以上学历的工程技术人员占比更是超过了 60%，可以看出中国工程技术人员的学历结构得到了很大的改善。但是，可以发现拥有博士学位的工程技术人员占比过少。

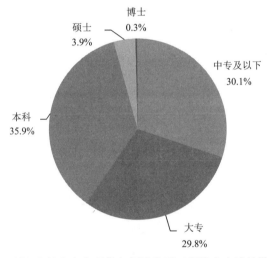

图 1.2　所调查的几家典型信息领域公司工程技术人员的学历结构

3. 职称结构

为了从职称角度分析中国工程科技人才的结构现状，研究团队选择该上述大型企业进行实地调研。经过该企业的人力部门配合，我们获取了该企业的工程技术人员的职称情况。经过汇总与分析，结果如图 1.3 所示。从图 1.3 可以看出，该企业拥有职称的工程技术人员占比达 80% 以上，可以看出该企业工程技术人员普遍拥有职称。但也可以看出，正高级职称人员占比相对较少。

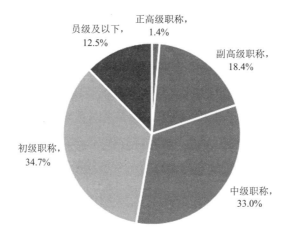

图1.3　我国某信息领域企业工程技术人员的职称结构

（三）工程科技人才队伍建设中存在的问题

研究团队对企业负责人和高校负责人进行访谈之后，得出中国工程科技人才队伍建设的主要问题，包括以下两个方面。

1. 创新型科技人才比较匮乏

对中国工程科技人才的调查结果显示，从总量上看，中国工程科技人才从业人员数量呈现波浪式上升。从工程科技人才的结构状况来看，中国工程科技人才主要集中在中年，后备年轻人才数量相对较少；中低学历层次的工程科技人才的比例较高，而高学历层次的人才占比过少；拥有中低职称的工程科技人才占比较多，而具有高级职称的工程科技人才数量较少。可见，虽然中国经过几代人的共同努力取得了不错的成就，但是与西方发达国家相比，中国的尖端科技还是较大地落后于人。与西方发达国家的差距还是很大。一个显著的例子便是2017年刚首飞的中国自主研发的大飞机C919，虽然取得了重要的里程碑式的进步，但是我们要知道C919的飞控系统和航电系统及发动机都是国外提供或合作研制的，国内没有更好的相关产品的提供商可以替代国外的先进的技术与性能。中国从一开始的模仿国外的产品取得了一定的成效，但是如今中国的工程科技人才缺乏的创新能力成为制约中国信息技术产业实现跨越的障碍所在。常规人才较多，而具有很强创新型研发能力的拔尖人才相对较少。

2. 人才现状还无法满足信息领域发展的需要

人才的学历结构、年龄结构、职称结构和从业人员总量相较过去取得了不可否认的进步。当前阶段，信息技术发展成为中国制造业提升竞争力的关键所在。传统的模仿、跟踪的信息技术行业发展路线已经与"中国制造 2025"提出的目标相偏离。中国要想实现跨越式发展，突破西方的技术封锁，就必须做好年轻工程科技人才的储备工作，同时加强工程科技人才的创新能力培养。

二、能源领域

能源作为经济发展的动力来源一直是各国逐鹿的重要场地，很多国家因为能源匮乏而无力发展，而有些国家拥有得天独厚的能源储备，仅仅依靠能源出口就成为富裕国家。中国能源储备总量虽然庞大，但是经济发展的能源消耗总量也是惊人的。依靠能源投入的生产方式不仅造成了浪费，提高了产品的成本，同时还造成环境破坏。"中国制造 2025"战略着重强调要转变经济发展方式，从传统依靠生产要素投入到依靠知识、创新投入生产高技术含量、高附加值的产品。这一目标的实现离不开能源领域工程科技人才的培养。

（一）能源领域工程科技人员数量情况

能源领域工程科技人才是指在煤炭、电力、石油等领域中，能够运用扎实的专业领域知识和经验技能进行能源开发，以及设计、改进、生产、制造能源利用设备的，能够取得一定的创造性劳动成果的，并对国家能源领域有突出贡献的人才。作为能源领域科技发展的重要力量，能源领域的工程科技人才数量状况与人才结构状况对企业的发展具有重要的影响。

科学技术部在 2016 年 5 月 18 日发布的消息显示，我国当前已有科技人力资源总量超过 7000 万人。其中，能源专业人员约占 1/3，大约为 2333 万人。但就科技人才占从业人员的比例来看，我国能源专业人才的总量仍略显偏低。同时，在能源专业人才占从业人员的比例方面，一次采掘类行业（如有色金属、煤炭、石油、钢铁等行业）与二次能源类产业（如电力、核工业等行业）之间存在一定的特征性差异。

1. 一次采掘类行业中能源人才所占比例相对较低

调查显示，一次采掘类行业中钢铁行业人才比例最高，约为 17%；有色金属行业居中，在 9%～10% 浮动；而煤炭行业更是集中体现出人才的严重匮乏，所占比例约为 7.7%，还不到"九五"末期煤炭行业的平均水平 16.3% 的一半，人才流失严重，而且有继续下滑的趋势。

2. 二次能源类产业中能源人才的比例较大

考虑到研究的可行性，研究团队选择了 16 家具有代表性的电力企业进行统计，得出这 16 家企业的技能人员数量与专业技术人员数量之和占这 16 家企业总人数的比例达 68.1%（图 1.4）。比如，对于核工业来说，人才的分布层次状况与工作的领域密切相关。知识密集型的核工业和电力行业人才密集程度明显高于以劳动密集型为主的一次采掘类行业。

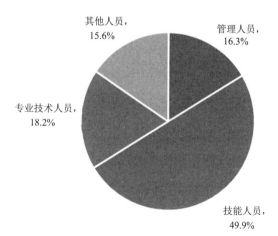

图 1.4　16 家电力企业职工构成情况

（二）能源领域工程科技人员结构状况

在分析了能源领域工程科技人员的总量状况之后，我们从当前工程科技人员的结构层面分析当前中国能源领域的工程科技人才的结构状况。

1. 年龄结构

一个行业从业人员年龄层次分布的状态很能反映一个行业的兴衰趋势,比如,纪录片《棒棒人生》就记录了棒棒曾经是很火的行业,但是随着时间的推移,越来越少的人加入到棒棒大军,剩下的都是干了一辈子的老棒棒,没法换职业而不得不继续从事棒棒行业。经过调查,我国能源领域的工程科技人员的年龄结构主要有以下特点。

(1)一次采掘类行业中能源专业人员年轻化程度较高,极个别领域有老龄化现象。企业中40岁及以下的能源领域人员所占比例较大,人员整体队伍的年轻化程度较高。以有色金属类企业为例,当前40岁及以下有色金属人员所占的平均比例为54.0%,整体年龄结构趋于合理(表1.2)。这一现象和有色金属行业大量引进有丰富工程经验的成熟人员有直接的关系,这些人正处于职业的黄金时段,被企业引进后能马上为企业创造附加价值,见效奇快。而对于煤炭行业而言,受到观念的影响,很多年轻人不愿意加入到这个行业,因此煤炭行业的人口老龄化越来越突出,且技术型、管理型岗位的人员更加缺少。作为一次采掘类行业的特例,整个煤炭行业人员队伍老龄化趋势严重,现状堪忧。

表1.2　有色金属企业能源专业领域人员年龄结构状况分析

序号	企业名称	年龄分布状况/人				年轻化程度(40岁及以下人员占比)/%	企业自我评价
		21~30岁	31~40岁	41~50岁	51~60岁		
1	马钢(集团)控股有限公司	682	2326	2023	732	52.2	一般
2	白银有色金属公司	208	1006	668	98	61.3	较高
3	金川集团股份有限公司	428	1627	1843	562	46.1	较低
4	宁波金田铜业(集团)股份有限公司	725	2463	1433	701	59.9	较高
	合计	2043	7422	5967	2093	54.0	

(2)二次能源类产业人员年轻化趋势更为明显。16家电力企业的调查报告显示,40岁及以下的能源领域人员占从业人员总数的比例约为68.4%,而核工业的平均水平更是达75%以上。

2. 学历结构

学历结构是反映能源领域人员队伍建设整体效能的重要指标。企业在吸引能源领域人员的时候，首先考察的就是学历，这不仅是提高人员队伍层次和水平的要求，更是能源类企业健康发展的必备条件。

（1）不管是一次采掘类行业还是二次能源类产业，人员结构中，本科及以下学历者占了大部分比例，硕士、博士所占比例相对较小。以有色金属行业为例，本科学历及以下者占到企业人员的绝大多数，然而从企业自我评价的结果可以看出，被调查的三家企业一致认为该学历结构"较合理"（表1.3）。这恰恰说明近年来有色金属企业学历结构已逐渐得到优化，高中及中专学历的能源领域人员引进比例下调，本科比例上升较快。同时也反映了有色金属企业引进人员的门槛大大提高。当然这与我国高等教育规模的扩大也是密不可分的。而针对电力企业的调查也很好地印证了以上情况（图1.5）。

表1.3　部分企业能源领域人员学历结构状况分析

序号	企业名称	学历结构状况/人					企业自我评价
		研究生	本科生	大专生	中专生	其他	
1	马钢（集团）控股有限公司	258	2947	1935	517	97	较合理
2	白银有色金属公司	23	808	761	325	63	较合理
3	中条山有色金属集团有限公司	2100		3700			较合理

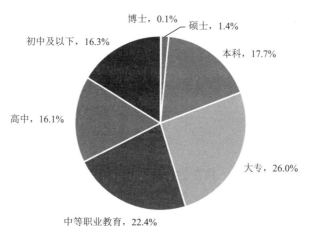

图1.5　16家电力企业职工学历结构状况

中国的高等教育改革导致大学生数量剧增，这种背景下公司对人员引进的学历门槛就越来越高。因此，一方面，年轻人努力学习，接受高等教育，提高学历；另一方面，已经就业的人员通过在职教育来弥补之前学历的不足。所以，当前整个行业的从业人员学历结构的优化不难理解。

（2）值得一提的是，核工业领域因为知识要求比较高，所以其人员的学历结构层次更高，具有研究生以上学历的人员达到总数的 75% 左右，这也在一定程度上反映出该行业具有很强的技术垄断性。

3. 职称结构

能源领域的工程科技人员的职称结构是指高级、中级、初级三个能级人员的比例结构。从表 1.4 的数据统计可以看出，有色金属、地质、电力、钢铁行业均形成了较为合理的能源与矿业人员梯队。而核工业作为能源与矿业领域的一个特例，其行业内部具有高级职称的员工比例超过 60%，这也反映了核工业本身具有较高的人员引进门槛。

表 1.4　能源领域人员职称结构状况分析　　　　　　单位：%

行业名称	高级职称	中级职称	初级职称
有色金属行业	15.4	42.4	42.2
地质类专业行业	17.4	38.2	44.4
电力行业	14.6	34.8	50.6
钢铁行业	14.6	39.1	46.3
核工业	62	38	0

4. 性别结构

能源领域和其他工科类专业一样，男性多于女性。以有色金属类企业的统计数据（表 1.5）为例，企业中男性员工和女性员工所占比例的平均值分别为 76.1% 和 23.9%，且被调查企业均认为本企业能源专业领域的性别比例较为合理，说明特种行业对员工的性别结构有一些特殊要求，这一特征在能源领域的其他行业中也有不同程度的反映。例如，地质行业从业人员的男女性别比例平均为 79.2% 和 20.8%。

表 1.5 某些企业能源领域人员的性别结构状况

序号	企业名称	性别结构状况				企业自我评价
		男性/人	比例/%	女性/人	比例/%	
1	马钢（集团）控股有限公司	4 829	83.9	925	16.1	比较合理
2	白银有色金属公司	1 525	77.0	455	23.0	比较合理
3	金川集团股份有限公司	23 000	63.9	13 000	36.1	合理
4	深圳市中金岭南有色金属股份有限公司	6 862	79.4	1 775	20.6	合理
5	西部矿业集团有限公司	4 100	76.1	1 291	23.9	比较合理
	平均值		76.1		23.9	

（三）能源领域工程科技人才队伍建设中存在的问题

对我国企业技术创新状况的调查结果显示：缺乏科技人才和研发经费投入过少是我国企业技术创新能力不足的两大障碍。事实上，工程师短缺已成为全球性教育问题。如果这些问题不能得到很好的解决，将成为我国能源领域人才队伍建设中的"瓶颈"，直接影响到我国能源领域的可持续发展。

1. 能源人才总量不足

能源人才是企业技术创新、竞争致胜之本。尽管我国大多数矿业企业已经具有从事地质勘查、采矿、矿物加工、测量、环保等多学科的专业技术人员，且随着高等学校大规模扩招，矿业类职业学校的招生规模也随之扩大，但矿业企业工程科技人员数量却没有同比例增长，仅占职工总数的 9% 左右。

显然，能源与矿业人才已成为我国依靠科技发展能源与矿业工业的重要制约因素。矿业企业要加快运用新技术改造传统产业的步伐，建设高产高效的现代化矿井，没有大量高素质的能源与矿业人才支撑将举步维艰。

2. 能源与矿业人才流失严重

随着市场经济的发展，矿山、地勘部门的能源与矿业人才流失现象较为严重。一是部分专业人才因为年龄因素而相继退休；二是新晋员工因无法忍受地勘、矿业工作环境地处高山深谷、戈壁、沙漠，远离城市，工作、生活条件差，待遇低等艰苦条件而主动离职；三是在岗技术能手受到行业内竞争企业的高薪诱惑而想方设法跳槽；四是企业破产、重组而导致员工下岗分流。在一些老矿区，近几年来能源与矿业人才流失严重。由于人才流失严重和自我更新能力差，不少矿山企业步履维艰。

3. 能源与矿业人才地域分布不均衡

从地域分布看，与能源与矿业领域相关专业挂钩的大学遍布全国各地，它们每年都培养矿业类专业毕业生。但是，绝大部分毕业生都涌入了东南沿海和京沪等经济发达地区，而急需矿业人才的西部地区却少有人问津，这种不利局面大大限制了科技进步和经济增长方式的转变。另外，西部是我国矿产资源最集中的地域，毕业生都不愿意去西部，那么西部矿产资源的开发步伐也将被大大延缓。

4. 能源与矿业人才结构不合理

目前，能源与矿业人才在结构上存在较为突出的问题，体现为：一方面，一大批与采矿工程相关专业的毕业生就业形势困难；另一方面，企业难以招聘到大量急需的实用型人才。

（1）专业结构不合理。能源领域在高等教育中的专业设置不合理较为突出，随着经济的发展，过去强调的"学好数理化走遍天下都不怕"的口号越来越少有人喊。相反，很多经济、管理、金融等相关服务类专业变得相当热门。能源主导型的专业和其配套专业的人才数量占总人才数量的比例过低，这就导致了专业结构设置不合理的情况得到显现。能源领域的专业设置不合理严重影响了相关企业的跨越式发展，同时对未来科技创新带来的变化难以抗拒。

（2）年龄结构存在局部断层。我国当下能源领域人才年龄结构显示为"橄榄"形人才结构特点，中年人才较多，而老年和年轻人较少。年轻人较少体现了我国能源领域工程科技人才的储备不足，同时，国外相关企业对国内能源领域人才的吸引导致国内能源领域人才外流。而中老年工程科技人才较少的原因是"文化大革命"动荡年代，教育断层。科学研究表明，年轻人的创造力是最强的，很多科学家的重大发现或发明都集中在青年时期。而我国能源领域青年人才的储备不足，限制了我国能源领域的创新能力。

（3）人才层次结构偏低。近些年，经过国家教育的大力发展，国家员工学历水平普遍提高。但是目前突出的问题是高层次人才显得缺乏，尤其是专家型人才。调查发现，大中型企业的人才队伍中拥有本科学历的占大部分，但是中小型企业由于可以提供的待遇比不过大型企业，高学历的人才留不住。中小型企业的人才大多还是大专及以下学历人才，而对于能源领域来说，中小型企业又居多，这就导致了能源领域的人才层次不高。

（4）性别结构不合理。调查结果显示，被调查企业女性员工所占比例平均低于25%，而被调查企业管理层对该性别比例较为满意。这就反映了我国能源领域性别结构不合理的现象比较明显。究其原因，是由于人们传统的观念认为能源领域本身就是男人做的事情。另外，能源领域一般工作条件较为艰辛，很多工作都需要一定的体力并且有一定的危险性。因此，女性选择这个行业往往比较慎重。最后，就是传统观念和工作环境导致女性在选择学习专业的时候避开了能源领域，选择了管理、金融等相关专业。

5. 创新能力亟待加强

统计表明，我国能源领域人力资源总量突破1000万人，研发人员有105万人，数量居于世界前列。但是，我们却发现我国能源领域很多核心设备或技术还需要从外国购买。这是因为我国的科研能力还跟不上来，自主创新能力的不足让我国一直都在走模仿路线，但是模仿路线是无法实现技术超越的。因此，我国必须培养基础性人才，更要培养具有创新精神和创新能力的人才队伍。

三、航空航天领域

探索浩瀚宇宙，发展航天事业，建设航天强国，是我们不懈追求的航天梦。航空航天工业的发展对于国民经济、国防等领域都有重要的促进作用。一方面，要实现中国的强国梦，我国必须取得科技领域的重大突破，而航空航天领域作为高精尖技术的集成，是一个国家科技能力、制造业能力的集中体现；另一方面，航空航天领域的重大技术转为民用时，可以促进国民经济的发展，带来经济利益。

经过几代人的努力，国家已经为航空航天领域培养了大批适合需要的人才，我国在航空航天领域也取得了众多令人惊叹的成果。人才作为航空航天领域能够成功的重要影响因素，直接决定一国航空航天业发展的状况，本书将研究航空航天领域从业人员的状况。

（一）航空航天领域工程科技人员数量情况

我国一直重视航空航天梦的建设，党中央、国务院高度重视航空航天领域工程科技人才的培养，全国范围内各级会议的召开及相关的法律、政策等方面的落实，以及国家科教兴国与人才强国战略的实施，为我国航空航天领域的人才培养提供了很好的宏观和微观环境。我国基本构建了航空航天领域的人才培养体系，对航空航天领域的人才培养给予了强劲的推动。

根据中国科技统计年鉴及研究团队的抽样调查，我们了解到中国航空航天领域的专业人员数量大约有 100 万人，主要分布在大中型企业和科研院所。例如，在 2015 年，我国大中型航空航天制造业企业工程技术人员总量为 51 254 人。表 1.6 为我国航空航天制造业企业工程技术人员变化情况。图 1.6 为航空航天制造业大中型企业工程技术人员占从业人员的比例。

表 1.6　2010～2015 年航空航天制造业大中型企业工程技术人员情况

项目	2010 年	2011 年	2012 年	2013 年	2014 年	2015 年
从业人员/人	456 531	417 332	391 585	344 182	271 785	304 691
工程技术人员/人	70 186	64 718	64 418	59 761	46 423	51 254
比例/%	15.37	15.51	16.45	17.36	17.08	16.82

资料来源：2016 年中国高技术产业统计年鉴

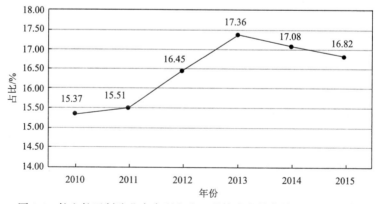

图 1.6　航空航天制造业大中型企业工程技术人员占从业人员的比例

（二）航空航天领域工程科技人员结构情况

在获得航空航天领域的从业人员数量之后，为了进一步分析人员结构情况，本书将从年龄结构、学历结构、职称结构和层次结构几个维度来研究航空航天领域工程科技人员的结构现状。

由于无法获得反映航空航天领域从业人员结构状况的完整的信息，以及这些机构具有一定级别的保密性，经过研究决定选择具有典型代表性的中国航空航天业某集团公司来研究中国航空航天领域的人员结构情况。

1. 年龄结构

对中国航空航天业某集团公司的调查资料统计显示，该集团工程技术人员中30 岁及以下人员有 4573 人，占 32.69%；31~40 岁共有 5002 人，占总人数的35.75%；41~50 岁共有 2773 人，占 19.82%；51~60 岁共有 1576 人，占比为 11.27%；60 岁以上的有 66 人，仅占 0.47%，见图 1.7。由此可见，我国航空航天领域已经实现了新老交替，从业人员年龄结构逐渐年轻化。

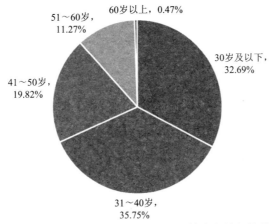

图 1.7 航空航天业某集团公司的工程技术人员年龄分布

2. 学历结构

调查资料显示，该集团公司的工程技术人员中，拥有博士研究生学历的有 11人，占 0.08%；拥有硕士研究生学历的有 381 人，占 2.72%；拥有大学本科学历的有 7903 人，占 56.49%；拥有大专学历的有 3973 人，占 28.40%；拥有中专及以下学历的有 1722 人，占 12.31%。由此可见，航空航天领域作为高知识密集型行业，对人员的学历有比较高的要求。从数据可以看出，航空航天领域技术人员基本接受过高等教育，但是高学历研究型人才仍然是我国航空航天领域人才队伍建设的瓶颈，见图 1.8。

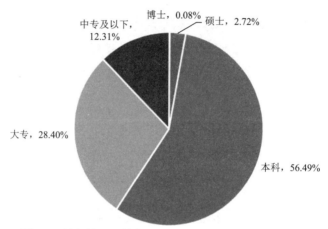

图 1.8　航空航天业某集团公司的工程技术人员学历结构

3. 职称结构

调查数据显示，在该集团公司的工程技术人员中，拥有正高级职称的工程技术人员、拥有副高级职称的工程技术人员、拥有中级职称的工程技术人员和拥有初级职称的工程技术人员人数分别为 493 人、2605 人、4818 人和 6074 人，占比分别为 3.52%、18.62%、34.44% 和 43.42%，见图 1.9。从数量和占比可以得出，

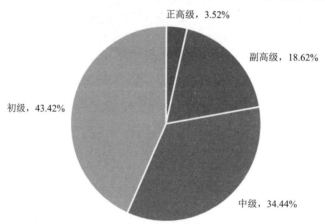

图 1.9　航空航天业某集团公司工程技术人员拥有职称情况

我国航空航天领域的工程技术人员拥有高级职称的工程技术人员占的比例比较小，初级工程技术人员所占比例比较大。

4. 层次结构

这里所指的高层次工程科技人才包括两院院士、国家级专家、"百千万人才工程"国家级人员、享受政府特殊津贴专家、国防科技工业有突出贡献中青年专家、两弹一星功勋奖章获得者及各单位技术带头人等。对该集团公司的调查发现，该公司拥有的高层次工程科技人才共有 338 人，占工程技术人员的 2.42%。

（三）航空航天领域工程科技人才的特点和整体评价

1. 人才队伍结构明显改善，呈现高学历和年轻化特点

20 世纪末，国内首批航空航天专家都是从国外学成后回国工作，为国家航空航天业的发展奠定了基础。但随着第一批元老级航空航天领域的科学家逐渐老去，我国航空航天领域人才面临青黄不接的处境。未来能堪大任的人才少之又少，人才面临断层、断档和失衡的问题。但是针对上述问题我国进行了一定程度的改进，加大人才培养力度。目前，人才青黄不接的问题得到显著改善。专业技术队伍普遍年轻化，40 岁以下的年轻人才数量显著增加。30～40 岁工程技术人员成为航空航天领域的中坚力量，以年轻科技人员为主的工程科技人才队伍体系基本形成。另外，我国教育科技事业不断进步，目前航空航天领域的工程技术人员普遍具备高学历，大学本科以上学历成为主流。人才结构不断优化，技术实力显著提升。

2. 涌现了一批高层次的专业技术人才

随着我国高等教育的改革，在培养高层次专业技术人才方面取得了一定的进展，培养出了多位具有大师级水平的航空航天领域的专家。在这些人才的带领下，我国在航空航天领域取得了新时期的重要成就。比如，2017 年 5 月 5 日中国首架具有完全知识产权的 C919 大飞机的成功首飞和即将进行首飞的水陆两栖飞机 AG600，这些成果的背后都有这些高层次人才的影子。

3. 专业创新团队建设取得显著效果

据国产大飞机 C919 的设计参与人员介绍，我国调动了航空航天口的所有技术人员加入到国产大飞机的设计研发工作。高水平的创新团队需要成员能够取长补短，通力合作，相互配合方能擦出智慧的火花，在一些关键领域取得重大突破。比如，在设计飞机的过程中，懂得空气动力学的大学教授可能对材料领域的知识不是很了解，对飞机设计很有经验的设计师未必了解当前的飞机制造水平，等等。因此，需要组建强有力的研发团队，共同献策献计为飞机的成功研发做出贡献。

4. 初步形成了完整的人才培养体系

人才培养的成功很大程度上决定了国家科技发展能够继续保持领先并不断取得进步。通过多年摸索下的经验积累，我国已经初步形成有利于航空航天领域工程科技人才的培养体系。通过对培养工程科技人才的关键领域和环境进行适当的干预，提供能够激励工程科技人才成长的环境。

（四）我国航空航天领域工程科技人才队伍建设中存在的问题

航空航天领域是知识高度密集的战略高技术产业，产业的发展很大程度上有赖于高水平的工程科技人才的创新能力。尽管我国对航空航天领域的人才培养投入了很多的人力和物力，在人才的培养、使用方面取得了很大的进度，但由于体制和机制等方面的原因，航空航天领域的工程科技人才队伍建设存在以下几个问题。

1. 航空航天领域人才的素质与能力还无法达到进行独立创新性研究的要求

中国航空航天领域可以在短期内向其他国家学习，这种方式获得的研究能力和专业技术能力可以满足模仿、跟踪其他国家航空航天产品的需求，但是不能满足完全自主研发与制造的需求。从未来越来越大的航空航天领域的市场需求来看，当前我国工程科技人才队伍的培养方式与未来发展需要还存在一定的差距。调查显示，该领域人才队伍的学习能力、实践能力尤其是创新能力比较弱，与该领域快速发展的实际需要还有很大差距。在对我国航空航天领域内的企业和科研机构负责人的调查研究过程中，我们对各部门负责人发放了问卷，调查结果见表1.7。

表 1.7　航空航天领域工程科技人才主要缺点和不足调查结果

项目	科研机构	工厂企业
有效问卷数/份	137	237
①专业理论水平低/%	38.69	39.24
②实践动手能力弱/%	54.01	44.73
③管理组织协调能力弱/%	27.01	40.93
④缺乏奉献精神/%	29.93	32.07
⑤缺乏社会责任心和使命感/%	29.20	30.80
⑥独立思考和解决问题的能力弱/%	34.31	33.33
⑦团队沟通和协作能力弱/%	30.66	37.13
⑧综合性知识及素养低/%	26.28	38.40
⑨创新思维和创造力弱/%	48.91	49.37
⑩其他/%	2.19	4.22

随着航空航天领域人才队伍的不断年轻化，这些年轻的工程科技人才的知识结构比较新，同时能够具有一定的计算机应用与编程能力和外语能力。但是由于实践机会少，他们的工程实践能力尚缺，动手能力比较差。

2. 创新型工程科技人才总量不足，新型号、大型号研制任务的战略领军人物匮乏

航空航天产业的技术高度密集、战略集成度非常高，航空航天产业是国家综合国力的象征。要突破国外技术封锁，实现具有自主知识产权的技术创新和跨越式发展离不开一大批工程理论扎实、实践经验丰富的高级专家。调查显示，以我国目前工程科技人才状况和发展水平与我国航空航天业的发展速度，我国在2020年前后，人才将出现短缺。在对院士、院校、科研机构和工厂企业进行问卷调查之后发现持此观点的比例均超过50%，尤其是在工厂企业中，接近70%的人士认

为人才将会出现欠缺，见表 1.8。

表 1.8　2020 年工程科技人才需求满足度调查结果

类别	有效问卷/份	①人才过剩/%	②刚好满足/%	③人才欠缺/%	④不清楚/%
院士	7	0	28.57	57.14	14.29
院校	179	11.73	15.08	53.63	19.55
科研机构	137	8.76	8.03	58.39	24.82
工厂企业	237	3.80	9.28	69.20	17.72

总体上看，目前航空航天领域工程科技人才总量尚不能满足科研生产任务需要，复合型的拔尖人才非常缺少。例如，航天领域要突破新一代运载火箭、航天员出舱活动、航天器空间交汇对接等一批关键技术，航空领域要研制大飞机，"不缺项目、不缺资金、急缺人才。有了人才，就有了一切"。

3. 人才结构性矛盾依然存在

航空航天领域工程科技人才结构性矛盾表现在以下几方面。

一是高层次人才短缺。目前除了航空航天领域外，在机械领域，特别是涉及国民经济建设重大装备和制造业领域，国内外有较高知名度和较大影响力的高级专家较少，与该领域的发展及其所处的地位不相称。

二是有些领域专业技术人才明显不足。例如，航空发动机设计、飞机总体设计、重大机械装备设计等方面的人才不足，影响了这些领域的发展。

4. 人才现状还无法满足航空航天领域发展的需要

目前我国正在致力于建设创新型国家，这将需要大量的创新型人才，而目前的人才现状，无论从素质、数量、结构还是能力方面都还不能满足领域快速发展的需要。从表 1.9 的调查结果可以看，院士、院校、科研机构和工厂企业选择"人才和知识储备不能适应产业结构升级的需要"项的比例接近，为 44% 左右。值得注意的是，院士中持"知识结构不符合本领域继续发展的需要"观点的超过 70%。

表 1.9　航空航天人才问卷调查情况

项目	院士	院校	科研机构	工厂企业
有效问卷数/份	7	181	137	237
①年龄层出现青黄不接的现象/%	14.29	46.41	32.85	48.10
②知识结构不符合本领域继续发展的需要/%	71.43	40.88	33.58	35.02
③高精尖人才太少/%	85.71	81.77	75.91	73.42
④院校毕业生基本功不够扎实/%	57.17	56.35	64.96	56.12
⑤人才和知识储备不能适应产业结构升级的需要/%	42.86	41.99	45.99	43.46
⑥人才供大于求/%	0	6.63	10.95	14.35
⑦院校招生人数偏多/%	14.29	23.20	17.52	20.68
⑧人才流失严重/%	42.86	30.94	32.12	63.71
⑨人才储备充足，后劲十足/%	14.29	6.08	10.22	7.59
⑩其他/%	0	2.21	2.92	1.69

本 章 小 结

改革开放几十年中国工程科技人才队伍建设取得了显著的进步，在工程科技人才总体数量和质量方面的成绩值得肯定。中国工程科技人才在数量上呈现稳步增长趋势；年龄青黄不接、性别结构失衡现象得到改善；工程科技人才的学历层次普遍提高；实践能力、创新能力也有所提高。虽然与西方发达国家相比，中国工程科技人才在数量上占据一定优势，但是我们必须看到中国工程科技人才在质量上还存在很多不足。当前中国工程科技人才整体状况不能适应产业结构和新型工业化发展的需求。但是，我们必须直视中国工程科技人才现状存在的问题，在中国政府大力实施"中国制造 2025"的制造业转型升级的战略背景下，把握机会、抓住机遇，培养一批能肩负中国从制造业大国向制造业强国转变历史使命的杰出工程科技人才。

参 考 文 献

[1] 美国不列颠百科全书公司. 不列颠百科全书[M]. 北京: 中国大百科全书出版社, 2007.

[2] 夏征农, 陈至立. 辞海[M]. 上海: 上海辞书出版社, 2010.

[3] 陈爱容. 科学革命、技术革命、产业革命的相互作用及其社会效益[J]. 现代哲学, 1986, (3): 55-58.

[4] 高亨. 诗经今注[M]. 上海: 上海古籍出版社, 2009.

[5] 王通讯. 人才学通论[M]. 天津: 天津人民出版社, 1985.

[6] 中国科技人力资源发展研究报告[J]. 中国科技信息, 2008, (12): 6-8.

[7] 杨宏进, 邹珊刚. 我国 R&D 人力资源配置分析[J]. 科研管理, 2005, (2): 96-103.

[8] 高树昱. 工程科技人才的创业能力培养机制研究[D]. 杭州: 浙江大学博士学位论文, 2013.

[9] 占英春. 浅析中国制造业缺少世界级大企业的主要原因[J]. 经营管理者, 2010, (6): 104.

第二章 典型领域工程科技人才需求预测

20 世纪 90 年代以来，中国的制造业经历了高速发展的阶段。中国制造业从"廉价劳动力""代工厂"等代名词称呼的行业发展到了世界工厂，并逐渐面临经济转型的挑战。劳动力成本不断提高，不少跨国制造企业由于成本增加转移工厂至老挝、越南等东南亚地区。失去了价格优势，如何进一步发展成为最主要的问题。转型升级，将"中国制造"变为"中国质造"是制造行业发展唯一的途径。《中国制造 2025》提出的坚持"创新驱动、质量为先、绿色发展、结构优化、人才为本"的基本方针，明确对制造业的转型升级提出了更高的要求。当前第三产业增加值占 GDP 的比例越来越高，2016 年第三产业增加值占 GDP 的比例为 51.6%，比上年提高 1.4 个百分点。制造业转型呈现出趋于服务化的特征。而随着国际化的进一步深入，制造业走出国门，面对更大的国际市场也是转型的一大特征。加之，技术跨越作为当前各大产业的趋势，在制造业中也体现得十分明显。

制造业转型升级，直接引起了工程科技人才需求的改变。工程科技人才应该抓住此次机遇，了解制造业转型背景下人才需求，发展自身软实力。未来十年，工程科技人才具备多样化、普遍性、多层次性、与 GDP 同步增长、与本国产业相结合的几大需求特征。本书选取信息领域、能源领域、航空航天领域三个具有代表性的领域进行分析。对 2017～2027 年这十年中，信息领域、能源领域、航空航天领域的工程科技人才需求进行规模数量、层次结构、素质特征的预测。

第一节 "中国制造 2025"战略下制造业新特征

一、中国制造服务化

制造与服务相互融合，产品不单单局限于制造与销售。20 世纪 70 年代，发达国家服务业发展迅速。以美国为首的发达国家服务业增加值在 GDP 中已占有超过 60%的比例。2016 年，我国第三产业增加值 384 221 亿元，占 GDP 的比例由 2000 年的 39.8%增加到 51.6%[1]。服务业成为促进我国经济发展的"新龙头"，中国制造"服务化"趋势已经十分明显。但由于制造业作为涉及人们衣、食、住、行各个方面的行业，转型升级不可一蹴而就。制造与服务相结合，新的产业形态能够逐步推进制造过程中生产、销售方式的改变，以实现最大程度地满足用户需求，创造竞争价值。

制造业向服务化转型升级主要分为三个阶段[2]。

第一阶段，制造企业仅提供高质量的产品。这样的企业在一定程度上区别于传统制造业，传统制造业仅仅为满足客户需求而进行生产制造。处于第一阶段的制造企业为了突出自己的企业竞争力，将重心放于产品，认为提供了高质量的产品就能让客户"买单"。它们往往在产品上下功夫，不在乎服务质量与客户体验，这也就是"酒香不怕巷子深"的想法。在当今的中国，仍有不少处于第一阶段的企业。

第二阶段，制造企业向用户提供产品，并且提供附加服务。处于这个阶段的企业认识到了服务的重要性。特别对于一些耐用型消费品，用户是否购买还取决于企业提供的后续服务，如冰箱。一台冰箱使用年限为十几二十年，倘若生产冰箱的企业没有配套提供服务，仅仅提出各种高质量保证，用户也不会买单的。大部分家电设备、电子设备企业都是处于提供产品并且提供附加服务的这一阶段。

第三阶段，制造企业将产品和服务进行结合，以用户为核心提供产品与服务。区别于第二阶段的附加服务，这一阶段的企业将服务提升到了更核心的位置。企业的着眼点更多地放在建立、维持与顾客的良好关系上。不仅仅局限于销售单件产品，而是企业通过服务活动向分销链延伸，扩展到其他产品。动力也是来自客户需求。三个阶段对客户需求的响应程度是递增式的，服务化程度也是逐渐升高的。

制造业转型升级服务化，是将企业重心从"实体"的产品转向"虚拟化"的服务的过程。实体产品的发展是有限的，不带责任制的。在当今互联网时代，制造业要跟互联网进行结合，将实体的产品与虚拟的服务结合起来，给顾客更加优良的产品体验，提供更加全面的售前、售后服务。

二、中国制造国际化

我国经济经历了高速发展时期之后，进入一个平稳发展期。国内外环境发生巨变，美国金融危机和欧洲国家主权债务危机引发了全球市场需求萎缩[3]；而中国的劳动力由过剩到稀缺而产生的劳动力价格大幅增高表示中国制造业遭遇瓶颈，失去了低廉成本的优势。中国的制造业该如何转型，走向国际？必须整合国内外资源，使产品能够良好地适应和平衡国内外市场。

制造业转型升级国际化要抓住重点，才能更好地整合国内外资源。刘旭和柳卸林[4]认为，制造业在向国际化转型升级的过程中，涉及六个影响因素，分别为市场需求、东道国的政策及实情、本国政府政策、企业文化及企业影响力、当下面临的机会以及各方面的环境。准确抓住市场需求，在国家战略指导下，发现并解决由东道国与母国环境差异产生的矛盾，一直以来是各个企业在国际化道路上会面临的挑战。但要真正具有竞争力，最主要的还是塑造企业文化（企业基因）。当前市场上企业文化塑造成功的案例有不少，以苹果公司为例，果粉们认准了苹果商标，iPhone 手机一旦更新换代，他们都会买账。企业文化的塑造可以通过品牌宣传、文化渲染，究其根本还是要立足于更好地满足用户的需求。真正做到"你无我有，你有我优"，企业的品牌就会被大众所认可，并且信赖。

制造业国际化必须努力提升中国企业在全球产业价值链的地位。波特首先提出价值链理论。孙佳[5]认为，垂直专业化分工可有效地就一国参与价值链的水平和分工程度进行检测。在全球的垂直专业化分工中，中国的制造业中大多数行业的进出口附加值在不断提高。这表明中国的制造业重心从劳动密集型产业慢慢向技术（资本）密集型产业转移。这也表明随着中国劳动力价格不断升高，许多国外企业不再将中国视为最适合代加工的国家，而是转移工厂至越南、柬埔寨、老挝等国家。但是不能否定的是，当前中国的许多产业核心配件都依赖进口，要迈向国际化，最需要提升的就是中国制造的技术。

制造业升级国际化体现在两个方面：其一是本国制造业企业走出去。华为作为一家走出去的企业，很好地实践了在其他国家因地制宜地发展本企业产品。2016 年，华为公司的年销售额为 38.3 亿美元，相比 2015 年增长了 42%。其中，在海外的销售额为 10.5 亿美元，占全部销售额的 27.4%。海外销售额占比上升显示出华为公司国际化程度提高。制造业国际化有助于扩大企业的市场、提高企业的销售利润额。其二是引进国外先进制造业技术。中国长期实践着模仿创新、利用反求工程进行发展的方法。我国第一艘航母就是通过从乌克兰买进旧航母而模仿创造的[6]。而当前，随着国家技术水平的提高，模仿创新的道路已经行不通了。更多地要借鉴国内外最先进的技术进行应用发展，才能突破制造业发展瓶颈。

三、中国制造的技术跨越

当代的中国是推崇创新的，李克强总理在 2014 年 9 月的夏季达沃斯论坛上公开发表"大众创业、万众创新"的号召，自然也对制造业的创新与发展提出了要求。制造业的创新不仅是想法、技术发明的创新，更是要将创新的成果和当前的技术进行整合，并且将这个技术创新成果真正转化为生产力。毋庸置疑，技术跨越就是当下制造业创新的最佳途径。

制造业技术实现跨越是指从原有技术通过技术创新过程跨越到新技术的过程。技术创新过程是实现技术跨越的必要环节。当前，技术创新可通过自主创新得到，也可通过模仿创新得来。技术跨越是新技术与原有技术不断迭代的过程。原有技术存在缺陷与问题，通过技术跨越，采用新技术替代原有技术投入生产制造。之后，又在新技术上寻求更优解，再次替代原有新技术。因此，技术跨越的过程需要大量投入创新要素，并且将创新成果应用到具体产业中，以提高技术跨越过程的成果转化率，不断迭代，进而不断提升企业、产业的科技含量，推动制造业的转型升级。

制造业技术跨越是主观能动性的体现，需要国家实行相关战略进行引导与支持。《中国制造 2025》提出了坚持"创新驱动、质量为先、绿色发展、结构优化、人才为本"的基本方针，明确指明了创新驱动制造业进行改革发展的方针。技术跨越于一个企业而言，企业是主体，需要投入大量的人力、科研成本进行技术的创新与优化。从企业的生命周期来看，适当的创新投入有助于企业可持续发展，过分追求创新可能会导致投入不协调而衰退。而技术跨越若是从一个产业、一个国家来进行，政府进行必要的科研成本投入，并在整个创新过程中起到服务与监督的作用。稳定的创新要素的产出就可以稳定地促进制造业技术跨越，从宏观上提升整个国家的制造业水平与实力。

技术跨越在某些时候被认为是后进国家考虑的战略方向。事实上，相对于技术追赶，技术跨越更像是以一个中间者的角色在追逐领先者，或者是在不断进行自主创新时所实行的技术改革[7]。当代的中国在某些领域已经处于国际一流水平，如高速铁路的制造与运营，中国已经不再是一个跟随者的形象。在领先领域实行技术跨越，不断自主创新，不断完善；在落后领域实行技术跨越，也能够在模仿和学习中提高本国制造产业的投入产出比。

第二节　工程科技人才的需求特征

21 世纪，我国要发展现代工业、建设创新型国家，应该把工程科技人才培养列为关键问题。要实现在 2020 年建成创新型国家，通过科技发展实现经济、社会发展，对工程科技人才课题的研究具有理论与现实意义。近年来，政府、企业、学者对工程科技人才的需求结构、需求趋势问题的关注越来越多。作为发明技术的主力军、建设新工程并突破工程瓶颈的带头人，工程科技人才是国家发展历程中的宝贵资源。对于工程科技人才的培养显得十分重要。本书提出对于工程科技人才的培养应该着重于高等教育阶段、社会阶段、继续教育阶段三个阶段，培养目标为"工"型工程科技人才。

目前，教育界、工程界、科技界关注工程科技人才的培养的同时，对当前工程科技人才的需求结构的变化也越来越关注。工程科技人才群体在面对越来越多的数量需求的同时，也面临着越来越高的能力与素质的挑战。在发展工程科技人才时，应当注意稳步提升工程科技人才的数量，并将创新技能作为发展主线，强调高质量，以培养出一批能够担任当下各个领域领军人物、实践人员的人才。工程科技人才必须具备如下特征：创新精神、实践能力、学习能力、解决问题的能力等。

中国对工程科技人才的需求具有如下特征。

一、工程科技人才需求的多样化

随着我国科技事业多方向化发展，社会各界对工程科技人才的需求变得越来越多样化。传统的学术型、应用型两类人才已经不能满足需求，社会各界的各个岗位更加迫切需要的是多种类型的人才。行业、产业的发展对工程科技人才提出了高要求，多样化就是其中之一。人才需求的多样化具体指的是在当今社会分工下，企业对各个岗位、各个角色的员工进一步细分，自然对各种类型的工程科技人才有了需求。

工程科技人才通常在知识结构、专业素质、综合能力上具有一般特征，也有其多样化的体现。在知识结构上，工程科技人才应该注重提升其专业知识的整体性及适应性。知识的整体性也就是工程科技人才掌握的知识形成一个完整的构架，有清晰的逻辑思路、层次关系，以及知识与知识之间的相关关系。形成了整体的知识结构意味着工程科技人才有了后期进行科技研发、方法创新的基础。而适应性，表现出个人的知识结构是动态的。工程科技人才在学习、接收各领域的新知识之后，及时地更新自己的知识体系，建立新的知识要素或调整知识要素之间的关系。潘红忠和李志红[8]认为，体现工程科技人才的多样性的方式是做到"厚基础、宽口径"，突出自身的核心竞争力。"厚基础"从字面的意思理解就是具备扎实的理论基础，拥有多领域、多方面的专业知识，建立完整的、合理的知识体系，形成"雄厚"的基础条件。而"宽口径"则是从两个维度定义：其一是横向的，从专业跨度定义，工程科技人才需要拥有多专业、多领域的知识；其二是纵向的，从时间维度来看，工程科技人才的知识结构的形成应该经历长时间的累积，并且不断随着时间的推移，更新知识库，实现真正的"宽口径"。知识结构上的多样化要求工程科技人才做到"厚基础、宽口径"，跟紧科技发展，不断提升自我的核心竞争力。

在专业素质方面，企业对工程科技人才的需求也有多样性的体现。所谓"术业有专攻"，多样化的素质培养造就多样化的人才。越来越多的企业招收的员工类型变得广泛。例如，传统能源企业从一开始只招收能源专业员工，到现在对各个专业员工都有需求，不仅招收能源专业员工，也会招收经管类、计算机类、语言类等专业员工。专业素质对于不同层次的工程科技人才来说是不一样的。对于学术类型的工程科技人才，专业素质指其掌握的专业理论，以及其自身形成的一套进行学术研究的方法。学术类型的工程科技人才具有的专业素质能够让他具有准确性、前瞻性。进行学术研究时，专业素质高的人才对项目的研究方向有着紧密的逻辑思路，能够在预期的阶段得到学术成果。而对于实践类型的工程科技人才，专业素质更多地体现在其掌握了扎实的理论基础后，形成的一整套从事专业领域的技能、解决问题的能力。企业对于工程科技人才的专业素质多样性的需求一般从企业的主营业务出发，扩展到经管类、语言类，甚至一些交叉领域。企业对越来越多的专业员工的需求体现了当今工程科技人才需求的多样化。

在综合能力方面，企业对工程科技人才的要求也呈现多样化。工程科技人才所具备的能力是全方面的，包括自我学习能力、实践创新能力、社会适应能力、整合能力及团队合作能力。自我学习能力是在工作中能够主动学习先进的科学技术，不断更新、完善自身的知识结构体系。实践创新能力则是在具体的工作中，能够结合理论知识，创新方法，提高生产效率或者做到节约生产成本。社会适应能力则表现在适应工作、适应工作伙伴。在遇到工作问题时，能够有抗压能力；在与同事、合作伙伴沟通交流时，能够提高交流效率与合作效果。整合能力也是很重要的，不同的人之间的观点整合，不同理论之间的体系整合，都能帮助工程人才成长。团队合作能力是团队中必须提及的，正所谓"众人拾柴火焰高"，一个人的力量往往是有限的，如果团队中每个成员都能有良好的团队协作能力，能够取长补短，进行高效率的合作，会加快项目的进行。

传统的工程科技人才分类为：学术型人才、应用型人才。学术型人才具体指的是在掌握理论基础上，发挥创造力，发展新型科技与技术，并将成果以论文形式展示的工程科学方面的人才。应用型人才则是将理论与实践相结合，发挥主观能动性解决具体问题。根据工程人才需求多样化的特征，本书将工程科技人才分为三类："多专业知识交叉"型、"创新设计"型、"创业与市场能力"型。"多专业知识交叉"型人才是掌握本领域学科内容的同时，掌握至少一门以上的其他领域学科知识的人才，是进行技术跨越的重要组成人员。"创新设计"型人才是掌握本领域学科内容的同时，创新意识强的人才，是开发新产品的主要参与者。"创业与市场能力"型人才则是在理论基础上，凸显出其领导力的人才，在工程管理方面有很大的发展空间。

二、工程科技人才需求的普遍性和多层次性

创造性劳动的普遍性在于人类社会的每一位成员都具有创造力。而工程科技人才的普遍性则在创造力的基础上，赋予其工程科技的性质与特征。工程科技人才的普遍性指的是，每一个工程科技人才都应该在工业生产的各个阶段以认真负责的态度对待科技事业，在各个分工的环节以节能减排为基准思考是否能够提高工作效率[9]，并且能够具备创新意识，不断挑战产业瓶颈。工程科技人才的普遍性要求其应该提升自己的素质与能力，作为工程科技人才就要以国家的科技发展作为指向标，在行业、产业中，先驱具有一致性。

创造性劳动既具有普遍性，还具有多层次性。对工程科技人才的需求也是一样，企业、产业要求工程科技人才能够进行创造性劳动，发挥主观能动性，也对工程科技人才的层次有一定的要求。工程科技人才不能是单层次的，单层的、片面的层次不能满足各个岗位的需要。创造性劳动是有层次的，高层次的创造性劳动涉及某项工作的指导思想，有建设性意见的理论，或者简明扼要描述、解决问题的方法。而低层次的创造性劳动思想只是从单个劳动出发，主要任务是解决某个问题。工程科技人才层次的区分与创造性劳动层次的区分有着相似的判断条件。在工程科技人才的层次区分方面，高、低层次的划分取决于工程科技人才本身的素质，素质高的为高层次，素质低的为低层次。而高层次工程科技人才进行高层次的创造性劳动，取得的成果大；低层次工程科技人才进行高层次的创造性劳动，取得的成果小[10]。

同样，工程科技人才也具有多层次性。工程科技人才的多层次性具体表现为，层次不同所从事的科技工作、担当的科技岗位不同。在一个工程团队中，不仅需要具备各项综合能力与实践经验，进行统筹计划、主管整个团队的管理者这类高层次的工程科技人才，也需要针对具体项目具体分析，将理论基础与具体项目结合，对接项目外部人员的这类低层次工程科技人才。本书将工程科技人才划分为高层次、中层次及低层次。工程团队各个层次的工程科技人才各司其职，构建一个合理高效的组织构架，能够更好地针对具体工程开展计划、分析、实施的工作。

然而，各个层次工程科技人才所进行的创造性劳动具有差异性，差异性主要表现在他们所从事的创造性劳动中。高层次工程科技人才进行高层次的创造性劳

动，取得的成果大；低层次工程科技人才进行高层次的创造性劳动，取得的成果小。例如，院士这类高层次工程科技人才在进行领域的拓展与探索的过程中，思维方式与一般工程科技人才不同，进行的创造性活动更加有难度，也更有意义。而对于实地工程师，这类工程科技人才主要的工作是将理论知识运用于实践中，相比院士，层次低，工作较为简单。高层次的工程科技人才与低层次的工程科技人才之间的差异性是很大的，差异性可以从其所从事的创造性劳动看出。决定工程科技人才层次的依据是所具备的素质。素质越高，从事的创造性劳动越重要，工程科技人才的层次也就越高。除此之外，还要看该人才参加实践活动的条件，如实验的设备条件等。工程科技人才的素质要外化为劳动成果，也是需要一定的条件的。

我国正处于科技发展高峰期，从产业经济结构来看，除了需要一大批高层次、高水平的工程科技人才之外，对创新型工程科技人才的需求也十分明显。从李克强总理提出"大众创新，万众创业"后，创新创业的热潮蔓延至今。创新创业的本质在于创新意识，发挥个人的主观能动性。然而，在工程科技领域，创新更多地表现在发明领域新技术、应用现有技术提高生产效率。当前的重要任务莫过于培养有利于各类创新人才成长的环境和氛围，鼓励不同类型、不同层次的工程科技人才为社会的发展贡献自己的力量。

三、工程科技人才需求与 GDP 的相关性

工程科技人才需求与 GDP 呈现正相关关系。城市的发展表现在经济、文化、政治等多个方面，就纵向而言，城市发展呈现一个动态上升的趋势。然而，工程科技人才对于城市的贡献率与城市经济发展的速度和水平是相协调适应的。美国经济学家查尔斯·P. 金德尔伯格的著作《经济发展》中提到：经济发展不止表现在产出增加、成本减少，更是表现在生产所依赖的技术水平的提高。因此，工程科技人才是生产技术水平提高的主要功臣，是推动技术进步的具体实施者。工程科技人才创造了更为先进的生产技术，提高了社会生产力与生产效率，从而促进了经济的发展。当前，各个国家经济发展一般以 GDP 来衡量。工程科技人才的需求与 GDP 呈现正相关关系。

2012 年，麦肯锡全球研究院发布了《全球劳动力报告：35 亿人的工作、薪资和技能》[11]，报告提出未来的 20 年，全球工程科技人才供应的来源地不再局限于欧美、中国等国家和地区，印度、南非等国家的工程科技人才数量会呈现大幅上升的趋势，在工程科技人才数量上会占有一席之地。同时，报告指出，中国或将承担一个重要的角色，成为提供最多的工程科技人才的国家。麦肯锡还指出，中国和印度在 2027 年之前会为全球提供 57%的接受过高等教育的工程科技人才。而《中国失业统计分析》表示，在 20 世纪 80 年代，我国的 GDP 每增加 1%，工程科技人员的就业率会上升 0.2%。那个阶段是经济快速增长的时期，对人才的需求也是急剧上升。而到 20 世纪末期，经济增长缓慢了一些，GDP 每增加 1%，工程科技人员的就业增长变为 0.129%。比较近年来的 GDP 与工程科技人员规模变化，2014 年 GDP 增速为 7.3%（图 2.1），工程科技人员岗位规模达到 1221 万个，而 2015 年 GDP 增速仅为 6.9%，但新增工程科技人员规模达到 1266 万。有专家认为，在 2010～2015 年，制造业的快速发展，引起工程科技人才的需求增加。当前 GDP 进入新常态阶段，增长率稳定，则对于工程科技人才的需求也会进入稳定增长的阶段。然而，工程科技人员的规模与 GDP 之间存在的关系表示，在未来十年，中国工程科技人员规模仍会以一定比率上升。

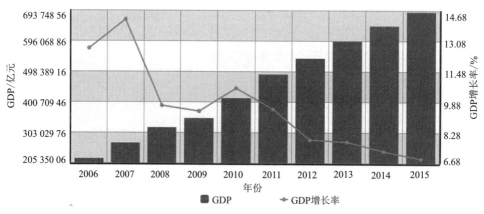

图 2.1　2006～2015 年中国 GDP 及其增长率

相关研究显示，从事研发的科技人员的数量与 GDP 增长呈现正相关关系。研发人员是社会生产的一大要素，创造性成果在某一方面提高了生产效率、节约了生产成本，促进了 GDP 的提高。科技人员的规模数量提高，GDP 随着提高。在工程科技领域也是一样。工程科技人才作为工程领域举足轻重的一个生产力要素，起到了促进工程顺利进行、保证企业生产效益的作用。工程科技人才需求增大，扩大工程科技人才的规模数量，进而提高国民生产率。科学技术部曾经发布，20世纪80年代，美国和日本从事研发的科技人员总量与GDP增长呈现良性正相关。在我国，自科教兴国战略被提出以来，社会各界对于工程科技人才的培养关注度越来越高，工程科技人才的规模数量及素质都有了比较大的提升。例如，软件行业，2001年，我国高校首次开设软件学院进行招生，四年后，首批软件毕业生作为科技人员进入社会，在2005年我国软件业发展明显增速。然而当今，阿里巴巴等电子商务企业在我国实现了史无前例的便利的网购条件，远超欧美国家和地区。

中国工程院"创新人才"项目组认为，我国工程科技人才规模与GDP间应该形成两个适应：第一，适应2020年人均GDP翻两番目标与工程科技人才需求；第二，适应建设创新型国家对于创新型人才的需求[12]。自2016年习近平总书记提出中国经济进入新常态以来，我国的产业发展与经济发展进入平稳发展期。加之，近年来我国对创新理念的推崇，促进了工程科技的前进与发展。因此，可以预见，2027年我国的工程科技人才的规模和发展速度会稳中提高。

四、工程科技人才需求与产业发展的相关性

我国工程科技人才的培养要注重与实际相结合，特别是要与本国的产业发展相结合。当下我国在制造业上有着"中国制造2025"战略的指导，在建设、工程行业有着"一带一路"的指向标，对于工程科技人才的培养就应该按照当下的需求进行调整。在基础教育与高等教育阶段，高校可以对其所设置的专业、培养方向与培养目标进行调整。在社会阶段，企业在进行入职培训或者专题培训时，对国家政策、人才需求方向进行主要专题培训。在继续教育阶段，返回高校进行某专业或课程的学习，有助于了解更多当下战略政策，以便于调整自身的职业发展方向。在制造业，工程科技人才的素质需求表现在其特定的十大领域，如航空航天装备领域、新能源汽车领域等。新能源汽车领域的发展就必须建立在新能源的发现与开采技术、新能源燃料供能的汽车技术之上。相应地，该方面的

工程科技人才就应该投入更多的精力于新能源汽车供能的发明与创造、新能源的发现与开采当中。

第三节　若干典型制造业领域工程科技人才需求趋势预测

随着社会经济进入新常态，政府相对应出台了新政策、新举措以推进制造业进行改革，帮助制造业突破瓶颈，再次攀登工业时代的高峰。为建设创新型国家，实现我国工程科技的跨越式发展，我国必须加大对若干重点领域的发展力度。"中国制造 2025"中提出了制造业发展的十大领域，包含新一代信息技术产业、高档数控机床和机器人、航空航天装备、海洋工程装备及高技术船舶、先进轨道交通装备、节能与新能源汽车、电力装备、农业装备、新材料、生物医药及高性能医疗器械。这十大领域中囊括能源、信息、航空航天、冶金、机械等各个方面。随着"一带一路"的推进，国家基础建设也提上制造业的首要地位。本书重点针对信息领域、能源领域、航空航天领域进行分析。对这些领域未来十几年的发展趋势及工程科技人才的规模数量、层次结构、素质特征进行了分析，基本结论如下。

一、信息领域

"中国制造 2025"战略中，跟信息领域有关的两大行业被提名为重点发展对象，其中有新一代信息技术产业、高档数控机床和机器人。然而，在当代，现代工程科技发展趋势表现为科技工程化、工程信息化、系统集成化、社会协调化和产业集群化。要把握信息领域发展规律，就必须先把握整个工程科技的发展趋势。在未来十年，信息领域的发展规律表现为：软硬件协调发展的结构调整、信息时代高速成长规律、市场推动行业发展、信息产业链的完善。协调软硬件、市场决定行业发展、信息产业链的发展与完善均说明了信息技术在未来十年会是一个迅猛发展的领域，并且会越来越受到市场的调控，不断完善。对于信息领域工程科技人才，其最突出的个体特征就是创新。

（一）现代工程科技发展趋势

21 世纪是信息高速发展的信息时代，现代工程科技也随着信息技术的普及而发展。绝大部分行业、企业都涉及工程科技。本书认为，现代工程科技发展趋势表现为科技工程化、工程信息化、系统集成化、社会协调化和产业集群化。

（1）科技工程化意味着科技研发成为一个项目，不仅涉及单方面、单独领域的理论和应用知识，更是涉及了多领域的专业知识，也需要引入各个领域的工程科技人才。一些重大工程则体现出三多（多学科、多专业、多领域）、三跨（跨部门、跨地区、跨行业）的特征。科技工程化是工程对科技的反向影响，工程需要科技作为支撑，作为基础，工程反过来也促进了科技的进步和发展。

（2）工程信息化是计算机信息技术普及之后，对工程产生重大影响的体现。信息化时代，工程的信息化具体体现的是，利用计算机技术服务工程的进行，特别是在提升工程效率、保证工程各个方面的准确性的方面。一些重大的工程十分依赖信息技术，信息技术已经成为各个工程团队必须具备的一大条件。

（3）系统集成化把工程看成一个有机结合的系统。系统内部各个部分都是具有相关性的，改变一个部分可能会引起其他部分的变化。特别是在物流、信息流、价值流三方面，存在着一定的内生的联系。为追求高效率、高质量地完成系统工程，应该搞清系统中各个部分的机理，避免短板效应。

（4）社会协调化是将产业与环境相协调，强调"不走污染环境发展的老路"的思想。当下，体现社会协调化的战略有节能减排、强调可持续发展。只有绿色发展，发现、总结自然规律，遵循自然规律发展，才能实现产业、行业、工程的可持续性。

（5）产业集群化则是推崇将产业的上下游企业进行集群化发展，建立与供应商、分销商的良好发展关系，以促进整个产业的效率提高。

（二）2027 年信息领域发展趋势

信息领域自 1946 年第一台超级计算机出现至今经过了数次大幅度的发展。进入 21 世纪，信息领域更是迎来了更加高速发展的时代。信息领域的发展体现在计算机的发展上，也体现在信息存储、利用、传播方式的转变之上。信息领域具有不少区别于其他领域的特征：其一，集技术、知识、智力为一体，具有高科技性。其二，信息领域的前期投入大，风险大。"互联网泡沫"就是信息领域风险的体现。其三，信息领域最突出的一点就是更新快，信息技术日新月异，受科技进步的影响特别大。其四，信息产业前景好。互联网企业成长快，抓住当下互联网创新思维，大概率能够取得成果[13]。

通过对世界信息电子产业发展历程的研究和分析，信息电子产业具有不同于传统产业的发展规律，具体表现在以下四个方面。

（1）软硬件协调发展的结构调整。信息技术发展迅猛，软硬件更新的速度快。集成电路、元器件、专用装备等硬件朝着更加轻、薄、高运行速度、高性能的方向更新与发展。而软件的更新，功能的强大也越来越快。作为信息技术的两大重要组成部分，软件、硬件都对信息领域的发展有着很大的影响。协调软、硬件的发展，避免短板效应，能够使信息技术迈向新的高峰。

（2）信息时代高速成长规律。信息时代最大的一个特点就是高速发展。1970～2003年，世界信息电子产业有较长时期是处于高速发展期内，甚至达到过百分之十几的增长速度，主要国家信息电子产业也都有十几年甚至二三十年的快速发展时期。

（3）市场推动行业发展。信息领域的发展与技术创新和市场、行业的发展息息相关。信息技术的普及增加了市场的需求，而市场的需求也推动着行业进一步发展。在产业初期，市场需求起着至关重要的作用。渐入成熟期，市场规模则占领较为重要的地位。

（4）信息产业链的完善。信息技术的高速发展，带动了信息产业的发展。随着信息产业的发展，信息产业链也逐渐完善。当前，信息电子产业基地的形式的出现和发展，表示信息产业链以一种新的形式展现，意味着信息产业链的完善。

信息领域的发展趋势对该领域工程科技人才的成长与提升有着很大借鉴作用。中国人事科学研究院原院长王通讯认为，人才成长有八大规律，即人才培养过程中的师承效应规律、人才成长过程中的扬长避短规律、创造过程中的最佳年龄规律、争取社会承认的马太效应规律、人才管理过程中的期望效应规律、人才涌现过程中的共生效应规律、队伍建设过程中的累积效应规律及环境优化过程中的综合效应规律。

根据《信息电子领域我国高层次工程科技人才成长规律研究》课题组的报告，信息领域高层次工程科技人才成才的基本规律为：①受到良好的大学和研究生工程教育及终身教育、加强全面素质培养是成才的基础；②热爱所从事的专业及勤奋努力是成才的根本要求；③参与工程实践训练尤其是重大项目的实践是高层次工程科技人才成才的必然环节；④结构合理的有活力的团队工程科技活动是成才的重要条件；⑤机遇是很重要的条件，要学会抓住机遇；⑥竞争环境也是培养工程科技人才必需的条件。

（三）2027 年信息领域工程科技人才需求预测

根据"十三五"规划及"中国制造 2025"的战略指示，在 2017～2027 年这十年时间内信息行业会作为重点发展对象进行支持与鼓励。在新一代信息技术产业中，注重实用性。大力发展集成电路及专用装备、通信设备、操作系统及工业软件。软硬件的协调发展促进信息领域的全面提升。在高档数控机床和机器人中，则更加注重科研。从现代科技发展趋势、信息电子产业特点和发展规律，结合信息领域工程科技人才成长规律，我们可以总结出信息领域工程科技人才的一些特征。

1. 个体特征

信息领域工程科技人才最主要的个体特征体现在创新上。李克强总理提出"大众创新、万众创业"与"互联网+"概念都是建立在信息平台基础上，利用计算机进行创新发展。创新型人才可简单定义为"有创意，能创造，善创业"。由于信息产业是高技术、知识密集性、高风险、高产出的产业，在创意、创造、创业三方面，信息领域与其他领域人才相比，更需要创新，也有更多创业人才。在 2027 年，信息相关专业毕业生应该更具有独特的创新视角，加上研发和企业管理两方面的实践，才能产生自己的核心竞争力。

2. 团体特征

所有信息项目都不可能由一个人完成。小到日常信息的沟通，需要多个人进行信息传递，大到一个互联网项目的具体实现，需要前端、后端、美工等多角色、多人的参与。而由于信息技术的高渗透性，越来越多的信息领域人才参与到其他领域的工程项目中，与其他领域工程科技人才一起进行工程创新。因此，在信息领域，工程科技人才需要强烈的团结协作精神，善于组织多学科的专家，调动多方面的知识、领导创新团队在重大工程项目中实施工程创新，取得重大成就。提高工程科技人才的沟通能力，将用户需求转化成具体产品的过程是需要去感知并挖掘需求的，这也是一个团队提高效率所必备的条件。

3. 阶段特征

信息技术发展迅速，互联网公司的员工呈现低龄化趋势。腾讯、阿里巴巴、百度等知名互联网企业的平均员工年龄在 26～27 岁。由此可看出，信息领域工程科技人才中青年比例大。根据《信息电子领域我国高层次工程科技人才成长规律研究》课题组的调查结果，信息领域工程科技人才从工作到成熟需要的时间，45 岁以下被调查者认为需 4～10 年，61 岁以上被调查者认为需要 4～15 年。这与实际相吻合。一方面，61 岁以上被调查者经历了"文化大革命"，成长时间相对延长。另外，也是由于"文化大革命"，45 岁以下的工程科技人才较早地被推上历史的舞台，成熟时间相对缩短。另一方面，工程科技人才成熟时间也受信息技术快速发展影响。

工程科技人才的成长是一个综合培养的过程。教育是工程科技人才成长的基础，大学教育则是整个教育过程的关键环节。为适应国家科技发展战略和市场对创新人才的需求，作为人才培养的摇篮，高等院校要加强科技创新与人才培养的有机结合，鼓励科研院所与高等院校合作培养研究型人才。除了研究型人才，高校教育机构也应该按照社会、行业的需求有计划、有方向地培养应用型人才。

认知实习也是帮助信息领域工程科技人才成长的过程。针对目前工程科技人才培养与实践脱节的状况，学校在培养研究生时，可以在创新实践中培养他们接受领域知识和获取实际工作经验的能力。此外，加强高校人才解决问题能力也是培养实战型高级工程科技人才的一条重要途径。实践下出真正的工程师，还须通过企业的具体实践才能使他们具有研究开发、将技术转化为产品的快速反应能力。

4. 专业特征

信息领域工程科技人才需要扎实的计算机知识，要求数学、物理基础好，同时，也要求其知识面宽泛。杰出创新人才具备同时代大多数人所没有的多方面知识和经验。

马云等在 1999 年创建阿里巴巴时，网上购物在中国几乎是一个梦想。在阿里巴巴发展的十几年里，马云用互联网创造了一个奇迹。从零开始，到 2007 年 11 月融资 15 亿美元，2014 年 9 月 19 日正式在美国上市，2016 年 4 月 6 日阿里巴巴正式宣布已经成为全球最大的零售交易平台。这是信息领域一个具有代表性的企业的诞生的故事。在阿里巴巴的公司里，大部分人才都是信息专业毕业生，或是学习过编程等信息知识。信息领域的专业性决定了人才的发展方向。踏实掌握专业技能，才能进行进一步发展创新。

5. 创造特征

创造力更多体现为发现问题和如何获得答案的能力。印度理工学院特别重视发现问题及如何获得正确答案的能力的培养。"重要的不是正确答案的获得，而是如何获得正确的答案。"这跟我们中国文化中的"授人以鱼不如授人以渔"的思想一致。远见和洞察力是能否抓住机遇的关键之一。机遇往往是一瞬而过的，机不可失，时不再来。台湾艺人蔡康永曾经说过，15 岁觉得游泳难，放弃游泳，到 18 岁遇到一个你喜欢的人约你去游泳，你只好说"我不会耶"。18 岁觉得英文难，放弃英文，28 岁出现一个很棒但要会英文的工作，你只好说"我不会耶"。人生中的机遇并不是一直等着你有了这项能力才出现的。信息领域的创造特性则是在你从容掌握了基础知识之后，机遇出现你就抓住。

6. 终身学习特征

信息领域随着计算机运行速度的提升也变得日新月异。要抓住实时信息，不落伍就应该做好终身学习的准备。"信息电子领域我国高层次工程科技人才成长规律研究"课题组揭示出，信息领域高层次工程科技人才终身学习的能力在影响成功的 20 项因素中排列第一，其次是"品德及职业道德""扎实的专业基础"，并且信息领域比其他领域人才对终身学习能力的要求更加突出。

二、能源领域

"中国制造 2025"战略明确提出，要将"绿色发展"作为制造业的指导方针。更是将重点发展领域定位在了新能源汽车行业。对新能源的研究和应用已经成为不可逆转的发展趋势。随着我国经济的高速发展，能源领域的基本特点体现在有限性、稀缺性、产业链庞大、自然垄断性等。而经济发展、社会发展、全球化、行业发展也给能源领域带来了间接的影响，并影响着能源领域工程科技人才的需求。

（一）2027 年能源领域科技水平发展预测与展望

能源行业作为国民基础产业，在国家经济中起着稳固增长的作用。全球制造业格局面临重大调整的今天，国家不会再走"先污染后治理"的老路，而是提倡节能，提倡开发新能源、绿色能源以减少污染。在《中国制造 2025》中，特别指出我国要重点发展节能与新能源汽车行业。能源领域的基本特点如下。

（1）能源领域具有有限性、稀缺性。随着经济的飞速发展，能源资源供需形势日趋严峻。资源稀缺导致能源需求处于供不应求状态，如煤炭、石油等。同时，当前我国经济能源利用率低，浪费严重，加剧了能源资源的稀缺。因此，存在一定的危机性，需要实现循环利用，开发新能源，走可持续发展道路。

（2）能源领域涉及生活的方方面面，形成庞大产业链。能源领域包含电力、煤炭、有色金属、核工业、钢铁、石油、新能源等多个行业，涉及多个学科、多个门类的相关知识，覆盖面广，涉及生产、生活的方方面面。能源从开采到运输、配送、销售和使用，形成了一条庞大而复杂的产业链，并推动了相关产业尤其是运输产业和基础设施建设的不断发展。

（3）能源行业具有自然垄断性和外部性。煤、石油、天然气、矿产的开采，输电、配电、天然气输送和城市配气等能源运输环节也具有自然垄断特征，而核能利用则在环境和安全领域具有较强的外部性。

（4）能源领域发展需要政府大量注入资金。能源领域大部分属于知识、资金、技术密集型产业，能源的生产和消费具有独特、复杂的技术经济特征，而能源的开采和利用需要大量的资金注入和先进技术的开发与引进。技术突破依赖于政府的投入，其后的推广应用也依赖于政府的规制及强有力的经济政策支持。

"中国制造 2025"概念提出以来，我国发展节约能源、新能源、绿色能源技术得到了很大的支持。能源综合利用规模不断扩大、领域逐步拓宽、技术水平日益提高，为促进经济、社会可持续发展发挥了重要作用。也先后出现了不少的创新型新能源理论成果。

本书研究总结并推荐了 6 项杰出创新型能源行业科学技术成果，它们分别是：新能源汽车热敏电阻（positive temperature coefficient，PTC）加热控制系统及方法、无升力节能汽车、煤矿区土地生态环境损害的综合治理技术、鞍钢 1780 毫米大型宽带钢冷轧生产线工艺装备技术国内自主集成与创新、大型深凹露天矿安全高效开采关键技术研究、井下工具检测技术及试验平台的研究与开发。通过分析，可以看出以上科技成果具有类似的特点：①创新性强。研究成果的创新性体现在思想创新、方法创新、手段创新等多个方面。②着重于节约能源，以资源优化配置为核心。煤、石油的大量消费造成严重的环境污染，研究如何节能、降耗及保护环境成为必驱之路。③引入数字化、智能化、信息化。④以安全为导向。上述研究成果中，不论是设备还是技术的开发，都无一例外将安全作为重要考虑因素。

我国能源领域科技水平发展导向应该以"绿色"为主基调。从现在到 21 世纪中叶，世界主要能源会逐步从化石等不可再生能源转向氢能、电能等可再生资源，并实现能源的绿色化。而在我国，应该以可持续发展的目标来对待能源产业，不断发现新绿色能源，并发展新能源科技。从展望中国能源与矿业科学技术研究的发展来看，至少应重点考虑如下四个方面。

（1）发展绿色能源，实现可持续发展。可持续发展的理念在各个产业都受到关注，特别是在能源领域。在能源领域，要进行可持续性发展，要抓住新能源的开发与使用、减少能源不必要的消耗。

（2）优化当前能源的转化形式。我国现有能源主要是煤炭、石油、天然气等，而当前，我国能源利用率为 40%，能耗却很高。因此，必须大力发展提高能源利用率技术，挖掘现有能源利用潜力，寻找新型能量释放和转化的新形式及手段。

（3）开发与利用可再生能源，推进能源结构的多元化。可再生能源是中国能源优先发展的领域。目前，一次能源中对于化石能源的依赖程度较重，而煤、石油、天然气等属不可再生能源。《中国的能源状况与政策》白皮书提出中国能源的"多元发展"就是：通过有序发展煤炭，积极发展电力。科学发展替代能源，优化能源结构，实现多能互补，保证能源的稳定供应，不断推进能源结构的多元化。"十三五"规划中重点发展的能源行业如下。

能源发展八大重点工程

1. 高效智能电力系统

加快建设抽水蓄能电站、龙头水电站、天然气调峰电站等优质调峰电源，推动储能电站，能效电厂示范工程建设，加强多种电源和储能设施集成互补，提高电力系统的调节能力及运行效率。

2. 煤炭清洁高效利用

实施煤电节能减排升级与改造行动计划，对燃煤机组全面实施超低排放和节能改造，使所有现役电厂每千瓦时平均煤耗低于310克、新建电厂平均煤耗低于300克，鼓励用背压式热电机组解决供暖，发展热电冷多联供，提高煤炭用于发电消费比重。

3. 可再生能源

以西南水电开发为重点，开工建设常规水电6000万千瓦，统筹受端市场和输电通道，有序优化建设"三北"、沿海风电和光伏项目。加快发展中东部及南方地区分散式风电、分布式光伏发电。实施光热发电示范工程。建设宁夏国家新能源综合示范区，积极推进青海、张家口等可再生能源示范区建设。

4. 核电

建成三门、海阳 AP1000 项目。建设福建福清、广西防城港"华龙一号"示范工程。开工建设山东荣成 CAP1400 示范工程。开工建设一批沿海新的核电项目，加快建设田湾核电三期工程。积极开展内陆核电项目前期工作。加快论证并推动大型商用后处理厂建设。核电运行装机容量达到5800万千瓦，在建达到3000万千瓦以上。

5. 非常规油气

建设沁水盆地、鄂尔多斯盆地东缘和贵州毕水兴等煤层气产业化基地。加快四川长宁—威远、重庆涪陵、云南昭通、山西延安、贵州遵义—铜仁等页岩气勘查开发。推动致密油、油砂、深海石油勘探开发和油页岩气综合开发利用。推进天然气水合物资资源勘查与商业化试采。

6. 能源输送通道

建设水电基地和大型煤电基地外送电通道，在大气污染防治行动 12 条输电通道基础上，重点新建西南、西北、东北等电力外送通道。加强西北、东北和西南陆路进口油气战略通道和配套干线管网建设。完善以西气东输、陕京线和川气东送为主的天然气骨干管网。

7. 能源储备设施

建成国家石油储备二期工程，启动后续项目前期工作，加强成品油储备库建设，建设天然气储气库，提高储气规模和调峰应急能力。在缺煤地区和煤炭集散地建设中转储运设施，完善煤炭应急储备体系，扩大天然气铀储备规模。

8. 能源关键技术装备

加快推进煤炭无人开采、深井灾害防治、非常规油气勘探开发、深海层常规油气开发、低阶煤中低温热解分质转化、700℃超超临界燃煤发电、第四代核电、海上风电、光热发电、大规模储能、地热能利用、智能电网等技术研发应用。提升第三代核电、百万千瓦级水电机组、高效锅炉和高效电机等装备制造能力。突破大功率电力电子器材、高温超导体材料等关键元器件和材料的制造及应用技术。

（4）节能成为主旋律。我国把节能技术作为能源技术发展的重要主题，提倡节能理念、开发绿色能源。

（二）2027 年能源领域工程科技人才需求数量预测

影响我国能源领域人才需求数量的因素主要有四个：经济发展、社会发展、全球化、行业发展。如图 2.2 所示，最外层的四个因素是通过具体举措来间接影响我国能源领域人才需求数量的。同时上述四个影响因素之间也存在着相互促进、推动，相互影响、制约的关系。

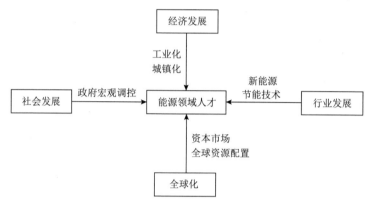

图 2.2　能源领域人才需求模型图

通过它们的复杂联系进而对我国能源与矿业科技人才的需求数量产生影响。未来 10 年我国能源工程科技人才数量预测是必不可少的。

我国现存最大的问题是资源环境约束，资源环境的约束依赖于综合国力的提升，而综合国力的提升最终归结于科技水平的发展和高素质科技人才的培养。因此，从整体上把握未来 10 年我国能源领域人才的数量走势显得尤为重要。为保证采集到的原始数据真实可靠，并保障预测结果的有效性，本书采取个案研究的方式，选取能源领域最具代表性的能源与动力行业为研究对象，按供需比来预测未来 10 年能源与动力科学工程科技人才数量的发展变化趋势。

预测人才需求数量的方法还可以通过系统动力学。系统动力学是一门着重于反馈机制来分析研究信息的学科。对整个系统的表象进行研究，系统动力学可以帮助深入表象研究问题实质，是认识、解决系统问题的一个重要并有效的方法。对工程科技人才的需求预测，是一个"交叉性"学科的问题。本书建立系统动力学模型，通过 Matlab 软件进行模拟仿真。通过计算得出未来一段时间的工程科技人才的需求变化。在对能源工程科技人才进行分析时，利用系统动力学的理论和建模方法。

根据国土资源部编写的《中国国土资源统计年鉴 2016》统计的 2009～2015 年

能源行业从业人员数量，计算出能源行业的年增长率为 12.9%。根据以上对 2017～2027 年地质科技人才需求数量的预测分析，可知为满足未来 10 年我国工业化进程及经济发展对地质科技人才的需求，应该从人才供给和需求两方面着手。

对能源人才供给方的建议：①加大对地学教育宏观层面的调控和指导；②加大对地勘院校财政投入和政策倾斜。对能源与矿业人才需求方的建议：①研究内部人才资源信息，建立内部人才库；②进行人才资源预测；③多渠道招聘人才；④注重人才的培养与发展。个案研究所得到的成果对能源领域其他行业同样有极强的指导意义。

（三）2027 年能源领域工程科技人才需求特征分析

在"中国制造 2025"背景下，对能源领域人才的研究与预测可以促进新能源、绿色能源的研发与应用。通过对人才需求特征的研究，可以促进我国能源人才队伍的建设。

1. 能源人才个体特征

不同层次的工程科技人才的个体特征是不同的。因此，本书界定各层次的能源与矿业人才为：领军型人才、研发型人才、应用型人才。

1）领军型人才

领军型人才是能源行业的带头者，能够在国家层面牵头解决能源与矿业领域的重大工程技术问题，在行业内享有崇高声望。精通本专业的最新科学成就和发展趋势，这是在科技竞争日趋激烈的情况下做出创新贡献的基本条件。而最新知识的获得又必须以掌握工程技术理论知识、应用科学理论知识和基础科学理论知识等为基础。对其的要求体现在以下几方面：①视野要宽，具备交叉学科知识；②具有强烈的创新意识和善于创新的能力；③具有强烈的成就导向；④具有健全的人格和较强的工程伦理观。

胡里清可谓是领军型人物的代表。他 35 岁就担任加拿大最大燃料电池生产商巴拉德公司的高级项目主管。他在 1998 年回国之后，得知国内氢能应用几乎没有前进，便自主创业，建立上海神力科技有限公司。目前，该公司在国内已经申请了专利 260 项，在美国已申请 11 项专利。8 年前，胡里清讲述的汽车"只冒水，不冒烟"的"天方夜谭",被许多人疑为痴人说梦;8 年后,他所带领的团队研发出了堪称世界先进水平的"氢变电"技术。由此可以看出,领军型人才能够及时抓住根源上的问题,对科技发展趋势有先见性,早于别人发现事情存在的根本问题。作为领军型人才,必须能够做到高瞻远瞩,引导并促进本领域内的科技人才实现自主创新。

2)研发型人才

研发型人才是指从事学术事业的人,在能源学科上进行实验研究,发现、开采新能源,研究新能源技术。研发型人才主要是在研发中心、高校机构工作。他们的主要目标就是发明新科技以利用新能源供能。

研发型人才具有鲜明的特征:首先,他们具有深厚的专业知识和背景,以及一整套的思考问题的方式,能够对学术、实践问题有自己的见解;其次,他们需要不断扩充自己的知识库,充实自我;最后,研发型人才由于工作成果难以测量,需要高度的自我约束力,以及对能源科学的热爱。研发型工程人才需要注意培养:①深厚的专业能力;②实践能力、信息搜索能力和分析推理能力;③创新精神;④吃苦耐劳和敬业精神;⑤成就导向及自信心。

另一位领军人物王启民,常年研究物理涂层材料。他提出了在油田开发中利用的温和注水理论。他表明,每口井有数十个油层,各个油层的厚薄程度相差很大,呈现出很大的差异性,温和注水的方式违背了自然规律。与此同时,他利用深厚的技术背景及专业知识,发明并提出了"因势利导,逐步强化,转移接替"的注采方法。利用这种新型的理念,该井的日产量得到了翻倍,从 30 多吨增加到60 多吨,并且降低了含水量。

3)应用型人才

应用型人才是指具有较好的理论基础,能运用理论解决实际的应用问题,在能源与矿业领域内能熟练地解决工程问题,能快速了解、掌握最先进的工程方法及先进设备的性能,具有较强实际操作能力的人才。目前,应用型人才主要由中等专业学校、高职高专学校和一般本科学校来培养,当然企业也自主培训了一部分应用型人才。应用型人才的培养注重:①掌握"必需、够用、管用"的专业理论知识和基本的专业实践技能;②具有较高的主动性和继续学习的能力;③具有技术创新的意识。

2. 能源工程科技人才团队特征

胡里清认为，一个优秀的团队必须具有很强的团队协作能力。他觉得，团队要成就一番事业，其一是让团队的每个成员认识到共同的研发目标或者生产目标；其二是让团队的每个成员进行协作。而锻炼团队协作能力的方式，就是将一个人能完成的事情分配给一个团队，让他们形成凝聚力[14]。每个团队都有各自的特点，但都拥有一些共同的基本特征。

有效的创新团队必须拥有一致的目标，即拥有共同的使命和愿景。高效团队的条件如表 2.1 所示。

表 2.1 高效团队的条件

明确目标	团队成员清楚地理解所要达到的目标，以及目标所包含的重大现实意义，激励团队成员把个人目标升华到团队目标中去
恰当的领导	高效团队的领导往往担任的是教练或者后盾的角色，对团队提供指导和支持，但并不试图去控制它
相关的技能和知识结构	团队成员具备实现理想目标所必需的技术和能力，且相互间有能够良好合作的个性品质，从而能够出色完成任务
一致的承诺	团队成员对团队表现出高度的忠诚和奉献，具有充分活力
良好的沟通	团队成员通过畅通的渠道交换信息，包括各种言语和非言语信息，以及管理层与团队成员之间畅通的信息反馈
相互间的信任	每个成员对其他人的行为和能力深信不疑
内外部的支持	既包括内部合理的基础结构，也包括外部给予必要的资源条件
最佳绩效	能够在有限的资源之下，创造出最佳的绩效，即团队能够做出当时的最优决策并有效执行
士气	个人以身为团队的一分子为荣，个人受到鼓舞并拥有自信、自尊；组员以自己的工作为荣，并有成就感与满足感；有强烈的向心力和团队精神

（1）团队核心为领军人物。一个创新团队一般由学术领军人物领导，创新团队带头人应具有足够深的学术造诣和创新性学术思想，品德高尚，治学严谨，具有较好的组织协调能力、合作精神，在研究群体中有较强的凝聚作用。

（2）团队其他角色不可小觑。团队结构对于创新团队的发展至关重要。除了根据人才的特点将团队人才分为领军型、研发型、应用型三类外，创新团队的相关技能和知识结构必须全面并具有互补性。

（3）团队文化对提高团队凝聚力具有十足的作用。一个良好团队必然拥有良好的团队文化。而团队文化的形成是在长期的发展过程中逐步产生的，其核心在于建立共同的价值观。

以西北大学刘池阳教授为带头人的"能源盆地油田地质"创新团队为例。团队的共同目标是找出多种能源矿产共存成藏（矿）机理与富集分布规律。为了深入研究，刘池阳曾三次进藏，深入到海拔 5000 米以上的青藏高原腹地。在主持项目的过程中，刘池阳考虑得较多的是如何才能让研究团队最大限度地进行交融，形成合力。对于团队文化的建设，刘池阳注重提高团队协作能力，并由创新团队经费出资，将多年来的研究成果收集成书，从而激发了整个团队的著书热情。

三、航空航天领域

"中国制造 2025"战略中明确提出"三步走"目标，对中国当前的制造业发展提出了很大的要求和挑战。十大领域中的航空航天装备领域也受到了政府的重视，特别是在航空领域加快飞机的研发、完善航空产业链，在航天领域发展新型火箭、推进空间技术的应用。在当今人民生活中，飞机这种出行方式已经变得十分普遍，航线和航班的增加都体现了人民出行方式的变化。而神舟十号载人飞船的成功发射也表现出了当下我国航天事业的进步。到 2027 年，随着航空航天事业的进一步发展，航空会走进更多普通家庭，成为长途旅行首选出行方式；我国的航天事业也会进一步突破，空间探索迈入新篇章。然而，航空航天领域的发展对航空航天人才的要求也会进一步提高。除了具备专业知识之外，航空航天领域工程科技人才必须具备"四种精神"和"四个能力"。

（一）2027 年航空航天领域科技发展的预测与展望

航空成为长途旅行的首选出行方式。中国近十年来高速公路的修建、高速铁路的施工与线路增加、航班的增加都达到了一个历史高峰。经济的发展影响了人们的出行方式的选择，越来越多的人出行采用乘坐飞机的方式。未来人们对于航空这种出行方式的需求会持续增长，预计到 2027 年，乘客需求将达到目前的 1.4倍。因此，航空公司在扩大飞机运载量的同时，也应该加强安全技术的发明和应用。同样，也应该注意降低运载量的增加造成的环境影响。乘客航空需求增加，给航空领域专家带来了一个很大的挑战。

航空领域呈现可持续化、高安全性趋势。航空领域与其他领域差别最大的地方就是技术性强。高技术含量决定了航空领域要投入高数额的科研成本与固定成本。整机研发与关键技术研发是当前我国航空领域涉及的主要技术问题。整机研发是进行整个飞机的设计研发。关键技术研发主要是发动机的研发。飞机的发动机是整架飞机的核心，我国的飞机发动机技术相比其他国家还较为薄弱。航空领域的发展核心是飞机制造，主要的方面有：①减轻对环境的影响，包括清洁能源的使用、噪声的控制等。这也是"中国制造 2025"战略中提到的"绿色发展"基本方针。②降低成本的技术，包括复合材料成型技术等。飞机的成本中固定成本占比约为 90%，航空属于高固定成本的行业，降低成本是航空领域发展必须突破的一个点。③对航空安全性的进一步保障[15]。经过 2014 年马来西亚航空 MH370 失踪事件之后，安全性更是引起了航空领域及世界各界的重视与关注。

航天领域在空间探索方面实现新突破。航天领域的长期发展目标在于空间探索。从 1957 年 10 月 4 日世界上第一颗人造地球卫星上天以来，世界对太空的探索不断深入与发展。中国的航天史是由钱学森教授提出《建立中国国防航空工业的意见》开始的，到现在，神舟一号到十一号载人飞船进入太空，实现了一个又一个大的跨越。空间探索有几个热点：其一是卫星搭载技术，如移动通信技术、智能信息技术、动力传输技术等；其二是传输技术，如高容量、低成本的数据记录技术；其三是新材料技术，如轻质结构的发动机；其四是导航系统[13]。卫星搭载技术、动力传输技术、智能信息技术、低成本高功率传送技术给航天领域提出了一个又一个大的挑战。

航空航天人才素质提高，竞争加大。要发展航空航天领域，对航空航天人才的素质要求也越来越高。党的十八大以来，党中央、国务院高度重视工程科技人才的培养，特别是全国人才工作会议之后，我国大力实施科教兴国战略和人才强国战略，通过一系列政策、措施，初步形成了高层次工程科技人才培养的制度体系，有力地促进了工程科技人才的发展。当前，中国航空航天领域的人才呈现出以下特征。

（1）航空航天人才学历要求越来越高，平均年龄呈现下降趋势。人才队伍结构明显改善，呈现高学历和年轻化特点。航空航天领域的工程科技人才队伍在学历和年龄等方面得到明显改善。实现了新老交替，人才断层、断档和失衡问题基本解决，专业技术队伍普遍年轻化，40岁以下的年轻人数量显著增加，而且增长速度快，30～40岁人员成为科技创新的中坚力量，以年轻科技人才为主体的工程科技人才队伍基本形成。另外，随着国家教育科技事业的不断发展，工程科技人才的学历层次普遍得到了提高，人才结构不断优化，技术实力显著提升。

（2）涌现了一批高层次的专业技术人才。近年来，在航空航天领域涌现了一批高层次的专业技术人才，先后涌现了多位大师级航空专家，表明我国航空航天领域高层次人才培养方面取得了显著的成绩，这些专业技术带头人可以堪当大任，成为领军人物。

（3）专业创新团队建设取得显著效果。航空航天领域重大创新成果的取得，离不开高水平创新团队，团队建设是关键。近些年通过国家及部门重点基地建设、大力倡导协同、同舟共济的合作精神，强化创新团队建设，形成了科技人才各尽其能、各得其所、和谐相处的团队氛围，涌现出一批优秀的科技创新团队，并在一些关键技术领域显示出了明显的创新能力、发展潜力和研究优势，通过积极推进团队建设，培养了一大批领军人物，造就了一批中青年高级工程科技人才。

（4）人才培养体系越来越完整。始终坚持管理创新促进技术创新，形成了有利于航空航天领域创新发展的工程科技人才培养体系。通过有针对性地调整影响工程科技人才队伍建设的环境和制度，不断创新人才培养工作的机制，大力营造激励创新、创造的人才成长环境，初步形成了航空航天领域的工程科技人才培养体系。

（5）专业型人才的需求更加明显，人才间竞争大。当前项目要求专业性人才不仅具有该专业的理论知识，更加注重与其他行业、专业的跨领域能力。由于项目规模扩大，水平的提高，科技含量的提高，一些尖端项目必将引起国际和国内的专业团体的竞争，预计将有更多的国外建筑设计施工单位投入到本领域的竞争中，而竞争也势必加快我国人才创新水平的提高。当前处于"一带一路"的起步与发展阶段，"一带一路"这类跨国家层面的基础设施建设项目可能会持续推进十几年甚至更多,因此需要专业型人才以规划的眼光去设计未来,提高创新能力、管理能力、适应能力。

当前,面对"一带一路"倡议、"中国制造2025"战略,工程科技人才应该提高警觉性去应对挑战。面对未来科技、社会的发展,只有不断提升自身能力顺应社会才能不被社会所淘汰。而对教育工作者,要了解未来人才趋势与走向,着力培养未来工程科技人才。高校则要做好对未来工科大学招生的规模、专业设置和人才模式的规划,让学校和社会岗位真正挂上钩,而不是像"流水线生产"一样培养出同类型的学生。

我国在未来较长的一个时期,对于工科大学生招生,应该稳定在目前的数量水平上,而在这个稳定的招生规模里,让大学生有"质"的飞跃。未来工科大学生将是"博专结合"的人才。我们所理解的"博",应当是在掌握了一个专业知识的基础上,向其他领域尽可能地拓宽学习。而"专"是在一门学科的基础上,深入研究,不断更新该领域的知识,做到"精通"。

(二)2027年航空航天领域工程科技人才的需求及趋势特点

航空航天领域是知识密集、技术密集、资金密集的高技术产业,作为这项事业的主要创造者和中坚力量,工程科技人才是航空航天领域创新能力、竞争能力最根本的体现。随着经济增长方式从工业经济时代进入知识经济时代,技术创新较以往依赖于资本、设备,更加依赖于人的智力之本,到2027年,航空航天领域对工程科技人才的需求会不断加大。

在数量方面,要使航空航天领域工程科技人才总量与该领域发展需求保持基本平衡,关键是要根据我国工业化的进程随时调整队伍总量和结构,一方面,要研究国内工农业生产对人才的需求;另一方面,要研究全球经济一体化对参与国家交流与合作的人才的需要。尽管这方面的准确定量预测难以实现,但就目前的情况看,我国工程科技人才的数量已经很大,今后再有大的增加似乎不可能,也没有必要,目前首要任务就是加强工程科技人才队伍建设,提高人才队伍质量,确保同经济发展水平和阶段需求相协调。

在结构方面,要高度重视五类人才的培养:①高层次工程科技人才培养,尤其是关键技术领域战略性领军人才的培养，改进高层次人才培养、使用、考核、激励和保障机制，力争到 2027 年，使高层次人才占科技人才的比例有一个大的提高；②创新型研究开发和设计人才的培养，这类人才的数量和质量决定了我国工业产品的技术水平、创新能力、市场竞争力和经济盈利能力，要高度重视这类人才的培养；③适应国际化竞争和合作的外向型工程科技人才的培养，随着全球经济一体化进程的加快，我国将加快全面参与国家工业竞争与合作，"走出去"和"引进来"战略的实施必将增加对这类人才的需求；④大量的具有创新精神的工程技术专家，他们是我国工业化的中坚力量，他们工作在生产和运行的第一线，既要有严格的操作能力，同时必须具有创新精神，通过具体的技术革新与改造，推进我国产品质量的稳步提高，赢得用户的认可和满意；⑤更加大量的技术工人和技能人才应该加以培养，使他们具有一技之长，在某一技术岗位上很好地发挥质量把关的作用。

航空航天领域是技术难度大、研制周期长、投入经费高的高新技术与战略产业，是国防现代化重要的工业和技术基础，也是国民经济发展的战略性产业和科技现代化的重要推动力量。为了适应 21 世纪我国航空航天领域发展的需要，航空航天领域创新型科技人才除了具备一般工程科技人才的素质和能力，还有其独特的特征，这就是四种精神和四种能力。

1. 四种精神

（1）科学求实精神。航空航天领域是崇尚科学的、以技术发展为指引方向的高技术领域。对于航天航空工作者，努力钻研专业技术、精益求精地对待每一项工作是其必须具备的素质。与此同时，将先进航天航空技术应用于现实的工程应用是其努力的目标。勤于思考，勤于创新，博学笃行，是科学求实精神的具体体现。在工作过程中，要发扬老一辈科学家的精神，弘扬"两弹一星"精神和载人航天精神及"图强、变革、诚信、团队"的航空航天精神，发扬"决定的事，就要快干、干成、干好"的工作作风，敢于讲实话、讲真话，促进航空航天事业的发展。

（2）为热爱敢于献身的精神。航空航天领域的特征要求工程科技人才具有对航空航天事业热爱献身的精神。在追求航空航天事业的过程中，要取得最终的成功，每一个工程科技人才都需要付出大量的时间和汗水，都会经历无数次的失败和挫折。然而，在失败和挫折到来的时候，航空航天工作者要想在最困难的时候能够不放弃，坚持下来，就需要他们的为热爱献身的精神。有人认为，热爱诞下创造的婴孩。只有足够热爱，才能为这项事业付出十倍、百倍的努力和汗水，才能在困难、质疑到来之时，仍能坚持己见，继续对科学技术的研究和创新。为热爱献身的精神在钱学森等老一辈航空航天科技工作者的身上体现得淋漓尽致，"特别能吃苦、特别能战斗、特别能攻关、特别能奉献"是广大航天航空工作者所需要学习并坚守的精神品质。

（3）团队协作精神。现代航空航天工程涉及不少专业，是一个综合性的学科。如果单独靠个人的知识和经历，在这个专业领域上想取得具有影响力的创新性成果几乎是不可能的。因此，团队的建立和合作对于航空航天技术的发展具有十分重要的意义。在现代的科研工作中，越来越注重团队分工合作的重要性。作为航天航空领域的工程科技人才，需要注重提高团队协作精神。在团队中要发挥最大力量，需要具备沟通能力、协调整合能力。一个航空航天科研团队，具有完善的团队组织构架、有协作精神的成员、为科技献身的精神，在困难面前，就能够拧成一股绳，为诞下"科技的成果"提供了实际条件。因此，集体意识和集体观念是优秀的航空航天工程科技人才不可缺少的。优秀的航空航天工程科技人才具备团队合作精神和协调工作能力，积极与同事配合，有很强的集体荣誉感。例如，中国空间技术研究院的技术创新团队协作能力强，在日常工作与生活中，注重明确团队愿景、增强团队凝聚力、开展团队学习活动、塑造一种归属感。在这样的团队氛围下，团队成员有共同奋斗的目标、有明确的分工合作，就形成了强有力的团队文化，也取得了骄人的成果。

（4）勤奋敬业精神。勤奋敬业精神是21世纪的工程科技人才都需要具备的一种精神，特别体现在航空航天领域中。航空航天科技是一门高技术、严谨的学科。要在航空航天领域取得一定建树，就必须以勤奋的学习态度对待理论知识。与此同时，要做好研究，敬业精神也必不可少。有责任心，才能有使命感，自觉地融入到航空航天事业之中。勇于负责、敢于承担任务，优秀的工程科技人才大都工作积极，乐于和勇于承担任务。

2. 四种能力

（1）知识学习能力。学习能力是高科技人才必须具备的能力。从基本素质教育阶段，到高等教育阶段，再到继续教育阶段，都在锻炼一个人的学习能力。而在航空航天领域，学习能力更是十分必要。知识储备是各项工作的基础，而学习是储备知识库必备的能力。而在科学技术事业的追求道路上，不断更新知识库才能跟上科技发展的脚步，实现最高效率的技术应用与改革。终身学习是知识学习能力不断加强的一种方式，只有坚持终身学习，才能不断更新知识，完善知识结构，并更好地为科学事业而奋斗。

（2）分析综合能力。在航空航天领域，需要的工程科技人才并不局限于航空航天学院与航空航天专业的人才，也需要各个领域的人才，如管理学专业、能源专业。而作为航空航天工程科技人才，分析综合能力更是十分重要。凡是创新活动，分析综合能力都是十分重要的。清晰的逻辑思维是进行创造性活动的基础，以渐进式或者突进式思考方式，抓住每一瞬间的思想光亮，萌发出新思想，并形成新理论，是每个航空航天工程科技人才进行创造性活动的途径与方式。

（3）开拓创新能力。也就是在工作、生活中思考、创造新方法以改进工作效率，或者解决领域瓶颈问题。航空航天技术是一门技术要求高、发展快的学科，引领着航空航天产业的发展。不断追求创新，承受挫折和失败，敢于突破权威，才能更好地促进航空航天科技事业的发展。例如，范瑞祥自 1991 年从哈尔滨工业大学焊接专业博士毕业从事箭体结构设计工作，不断在飞行器结构设计及运载火箭结构优化设计和可靠性设计技术取得突破性创新，成为"新世纪百千万人才工程"国家级人选。

（4）实践能力。所有的航空航天科技都要投入到航空航天事业的实践当中，把所学的知识理论灵活地运用到实际中，才能实现航空航天事业进步的目标。深入实际、多跑现场、坚持学习专业理论知识，不断把实践能力发挥在航空航天事业上，工程科技人才才能以科技为工具，为国家科技事业奉献出力量。

上面所说的四种精神和四种能力在我们的航空航天领域的院士和优秀工程科技人才身上得到了充分体现。学习和发扬科技工作者的优良传统，为之后培养新一批工程科技人才提供了借鉴和方向。

本 章 小 结

2016 年 4 月 6 日提出的"中国制造 2025"为我国制造业的发展提供了方向。坚持"创新驱动、质量为先、绿色发展、结构优化、人才为本"的基本方针，明确对制造业的转型升级的要求。"中国制造 2025"战略下中国制造业呈现出新的特征与发展趋势。然而，面临行业、企业的新要求，工程科技人才需求体现出多样化、普遍性、多层次性、与 GDP 的相关性、与产业发展的相关性等一系列特征。在"中国制造 2025""一带一路"的产业背景下，工程科技人才需求随着产业发展趋势与方向进行转变，因此，了解工程科技人才需求发展方向，对高校、企业培养、培训工程科技人才有着重要的实际意义。

工程科技人才应该抓住此次机遇，了解制造业转型背景下人才需求，发展自身软实力。未来十年，工程科技人才具备多样化、普遍性、多层次性、与 GDP 同步增长、与本国产业相结合的几大需求特征。本书选取信息领域、能源领域、航空航天领域三个具有代表性的领域进行分析。对 2017～2027 年这十年间工程科技人才的需求转变作一个预测，预测其领域工程科技人才的规模数量、层次结构、素质特征。

根据"中国制造 2025"提及的十大领域，本书将信息领域、能源领域、航空航天领域作为典型领域进行分析。在未来十年，信息领域的发展规律具体表现在以下四个方面：软硬件协调发展的结构调整、信息时代高速成长规律、市场推动行业发展、信息产业链的完善。对于能源领域人才，从供给和需求两方面进行分析，对能源人才供给方的建议：加大对地学教育宏观层面的调控和指导；加大对地勘院校财政投入和政策倾斜。对能源与矿业人才需求方的建议：研究内部人才资源信息，建立内部人才库；进行人才资源预测；多渠道招聘人才；注重人才的培养与发展。而对于能源领域需求的特定人才，不仅有领军型人才、应用型人才，节能领域的发展还需要更多的研发型人才加入。而在航空航天领域，工程科技人才的素质要求越来越高，不仅是在专业、技术上的要求提高，更是要求工程科技人才具有四种精神——科学求实精神、为热爱敢于献身的精神、团队协作精神、勤奋敬业精神，以及四种能力——知识学习能力、分析综合能力、开拓创新能力、实践能力。在具备扎实的理论基础的前提下，具备四种精神、四种能力的航空航天领域人才是未来十年所迫切需求的。

参 考 文 献

[1] 中华人民共和国国家统计局. 中华人民共和国2016年国民经济和社会发展统计公报[R]. 2017.

[2] 周大鹏. 制造业服务化对产业转型升级的影响[J]. 世界经济研究, 2013, (9)：17-22, 48.

[3] 李建平, 孙晓蕾, 范英, 等. 国家风险评级的问题分析与战略思考[J]. 中国科学院院刊, 2011, (3)：245-251.

[4] 刘旭, 柳卸林. 中国制造业国际化基本问题分析——中国新钻石模型[J]. 科技进步与对策, 2013, (12)：51-56.

[5] 孙佳. 中国制造业：现状、存在的问题与升级的紧迫性[J]. 吉林省经济管理干部学院学报, 2011, (6)：10-14.

[6] 孙玲. 中国航母的传言与真相[J]. 中国报道, 2011, (8)：36-39.

[7] 傅利平, 张出兰. 引进式技术跨越型企业创新路径探讨[J]. 科技管理研究, 2010, (5)：1-3.

[8] 潘红忠, 李志红. "宽口径、厚基础"的水文专业人才培养方案初探[J]. 中国电力教育, 2014, (3)：20-21.

[9] 潘云鹤. 重视工程科技人才的培养[J]. 科技导报, 2007, (21)：8.

[10] 陈艾华. 创新型工程科技人才的特征与培养途径[J]. 高等工程教育研究, 2008, (S2)：9-13.

[11] 贾伟, 刘润生. 麦肯锡：影响未来的颠覆性技术[J]. 科学中国人, 2013, 249 (9)：19-22.

[12] 中国工程院"创新人才"项目组. 走向创新——创新型工程科技人才培养研究[J]. 高等工程教育研究, 2010, (1)：1-19.

[13] 唐伶. 基于"中国制造2025"的技能人才培养研究[J]. 技术经济与管理研究, 2016, (6)：30-35.

[14] 王露. 胡里清：从狂想曲到协奏曲的蜕变[J]. 中国电子商务, 2007, (5)：56-58.

[15] 王峰丽, 马为清, 解飞, 等. 航空航天领域的发展趋势和制造技术需求分析[J]. 制造技术与机床, 2011, (7)：66-68.

第三章 工程科技人才评价

工程科技人才评价，即对工程科技人才进行的评价工作，是工程科技人才研究体系中的重要组成部分。其评价结果的准确程度不仅决定了组织能否正确识别优秀的组织成员，而且会影响其他后续工作的决策结果。因此，需要结合工程科技人才的特点和评价现状，设计出合适的工程科技人才评价体系，推动工程科技人才评价工作的顺利进行和组织系统的良好运转。

本章主要涵盖四个方面的内容：第一节介绍工程科技人才评价的内涵；第二节介绍工程科技人才评价存在的主要问题；第三节介绍工程科技人才评价体系设计；第四节介绍航空航天领域工程科技人才的评价。

第一节 工程科技人才评价的内涵

21 世纪的开启也意味着知识经济时代的到来。科学技术作为第一生产力，对人才需要具备的知识和能力提出了更高的要求，而人才也已然成为推动社会和经济发展的重要"燃料"。因此，对各行各业人才的挖掘、评价和利用，已经是当下人才资源管理和开发工作的重要组成部分。工程科技人才作为人才的一个重要分支，对工程科技的发展进步和工程教育的优化具有重要作用，因此对工程科技人才进行评价也具有重要的意义。

工程科技人才评价也称为工程科技人才测评，是基于工程科技人才评价体系进行的评价工作。首先，通过对工程科技人才评价工作的现状进行分析，发现存在的主要问题，并据此确立与其相对应的评价原则；其次，通过对工程科技人才的工作性质、工作内容等方面的深入探索和研究，发现工程科技人才工作所具备的特点，并依此构建能够反映工程科技人才工作水平、个人能力和业绩贡献的评价指标；最后，根据组织的培养目标、人员任用规则等内容，结合科学的评价方法而进行一系列评价工作。

由于工程科技人才进行的主要是与知识相关的劳动，他们的工作具备一定的复杂性，自然也对工程科技人才的评价工作提出了挑战。只有将理论知识与实践经验较好地结合在一起，才能够探索出一套符合当下工程科技人才特点的评价指标体系，取得真实的评价结果。另外，工程科技人才评价作为工程科技人才管理工作良好开展的基础，对组织目标的实现具有重要影响。

然而，评价工作涉及管理学等交叉学科，具备一定的复杂性和操作难度。因此，对普通的科技人才进行评价就需要深入而仔细的研究；工程科技人才作为一类特殊的科技人才，更是如此。我国工程科技人才的研究工作起步较晚，对其进行评价的方法理论还处于襁褓期，有很长的路要走，只有重点研究工程科技人才评价工作的理论和方法，才能保证工程科技人才评价的精度和深度。工程科技人才评价是对工程科技人才研究内容的一项重要补充，具有一定的理论意义；同时，它也能够为组织对工程科技人才的挖掘和利用提供有力的科学依据，并为后续的人力资源规划、人才养成计划等奠定坚实的基础，具备一定的现实意义。除此之外，工程科技人才评价工作有利于通过公正合理的评价结果在社会中树立崇尚知识、尊重人才的正确导向，不仅可以鼓励各行各业积极参与到人才评价的工作中来，也能帮助工程科技人才充分了解自己的长处和短板，从而激励他们不断完善自身，积极参与市场竞争，促进我国人才培养队伍不断壮大。

第二节　工程科技人才评价存在的主要问题

我国工程科技人才评价的研究起步较晚，虽说已经从不同的角度开始探索，但仍有很长的路要走。一方面，现有的工程科技人才评价相关的研究大都忽略了工程科技人才的特殊性，将其与人力资源评价、人事考核、员工审核等一概而论，没有很好地区分开来，只是将其作为一类特殊的具有独立性的研究内容，从而导致现有的工程科技人才评价工作反映不出工程科技人才独有的素质特点，评价结果也因此失真；另一方面，现有的评价体系重点关注的是对绩效的考评，对于其他能力的考评和基本素质的考评有所欠缺，未能全面反映工程科技人才的特质，因此我国工程科技人才的评价还存在一些问题。纵观工程科技人才的评价现状和已有的研究成果，我国工程科技人才评价存在的问题主要表现为三个"缺乏"，即工程科技人才评价意义缺乏共识、工程科技人才评价内容缺乏针对性和工程科技人才评价手段缺乏多样性。

一、工程科技人才评价意义缺乏共识

在知识经济发展如此迅速的当下，工程科技人才评价的工作也逐渐受到人们的关注，但是，人们对工程科技人才评价重要性的认识仍然不够深刻。

首先，许多工程科技人才对自己主体地位的认识不够深刻，许多人都认为工程科技人才评价工作与他们的联系较小，主要是由组织来完成。传统的评价过程一般是自上而下进行的，即组织的管理层和领导者一般处于评价的主导地位，而被评价者只是提供评价者所需相关信息并较为被动地接受评价的结果，缺乏话语权。因此，这类观念开始逐步渗透到许多人的思想中，导致他们参与评价工作的积极性大大降低。然而，当代社会的人才评价早已打破了以往的评价倾向，更多地关注被评价者，强调他们的主体地位，主张评价过程应该是对话协商、获取评价信息的过程，而不应该是被动接受的过程，并且被评价对象应该主动发现和解决问题，从而增强自我效能感和参与感。然而，当前还有一部分人并未完成对工程科技人才评价工作的认识转换，其观念还停留在以前的阶段，导致他们对工程科技人才评价工作意义的认识严重不足。

其次，在工程科技人才评价过程中，"评价无用论"等言论不绝于耳。面对工程科技人才的评价工作，许多参与者表现出的都是一副消极甚至抵触的态度，未能积极参与到评价体系的设计和评价过程的执行过程中来。在工程科技人才评价过程中，部分员工认为工程科技人才评价是对时间和生命的浪费，也有部分员工认为工程科技人才评价只是走流程，而评价的结果也没有什么意义，因此未能积极配合评价过程的执行。然而，这种意见不仅来自基层的员工，就连部分管理层人员对这种抵触情绪也是秉持中立甚至认可的态度。这足以说明我国目前在很大程度上对工程科技人才评价意义的共识还比较匮乏，有时候不仅不重视，甚至还有一定的抵触情绪，导致评价工作的开展面临重重困难，工程科技人才评价的相关研究也发展缓慢。

最后，正因为人们对工程科技人才评价的认识不够深刻，他们对评价工作的重视程度也大打折扣，导致评价过程中出现一些负面现象，主要表现为评价过程中主观、专断和随意的行为明显增多。因此，即使评价组织完成了整体的工程科技人才评价工作，他们得到的评价结果与实际情况也会存在较大误差，缺乏可信性，进而对评价后续的其他工作造成一定的不良影响。

就人才选拔的正确率，已有部分研究者进行过调查，其结果表明依据领导个人的认识和意志来提拔的人才，其人才任用的正确率在15%左右；依据人力资源部门和领导共同决策结果来任用的人才，其正确率则在35%左右；而依据科学的人才评价方法和手段来任用的人才，其决策的正确率则会提高到76%[1]。对于组织而言，这一巨大提升无疑能为他们带来极其可观的效益。工程科技人才作为一类特殊的人才，具备更高的学历和学习能力，在日常工作中也需要发挥更强的创造性和自主性，享受更高程度的工作自由，因此他们需要与自身更加契合的评价体系。只有设计出一套切实有效的工程科技人才评价机制，并匹配合适的人才选拔方法，才能正确识别优秀的工程科技人才并淘汰浑水摸鱼的庸才，从而在组织中逐渐形成一种淘汰性的竞争意识，进而让他们的工作积极性更好地被调动，也让他们的工作创造性更好地被激发。然而，设计和建立科学的工程科技人才评价体系的前提是要得到组织集体成员的共同认可——只有从领导层到基层员工都有较高的重视程度，深知设计工程科技人才评价体系的重要性，方能在完全获取信息的基础上全面设计工程科技人才评价体系；也只有整个组织自上而下地全面认可该评价工作的意义，才能为整个评价过程的顺利进行提供保证，才能让评价的结果更具说服力。

二、工程科技人才评价内容缺乏针对性

随着工程科技人才队伍的不断壮大，我国对其进行的评价相关研究也逐渐展开。然后，由于工程科技人才评价工作的推进速度较慢，我国目前还缺乏与工程

科技人才配套的评价体系，导致工程科技人才评价的问题层出不穷。

第一，由于我国尚且缺乏全国统一且能够与国际标准接轨的工程科技人才专业认证制度，如注册工程师等，我国工程科技人才的发展方向比较模糊和散漫。国际上，欧美工程科技产业共同努力，让工程科技人才领域的研究在标准化上已经取得了一定的成果，如注册工程师及其认证工作。这些成果涵盖了工程科技人才涉及的学科领域和知识体系，逐渐形成了一个较为完整的体系。在这一体系结构下，工程科技人才需要具备的能力被详尽地描述出来，并在与之相关的教学环节有一定的落实，正朝着培养目标—课程体系相结合的方向发展。然而，与这些取得一定成果的欧美国家和地区相比，我国目前仅仅在结构工程师、建筑师等少数专业开展了注册工作，甚至曾经设立的建造师职业资格认证也面临着被取消的危险，专业化、标准化工作龟速前进，其他工程科技人才领域更是有待得到重视和发展。不仅如此，我国现有的工程科技人才的认证工作主要是在政府的运作下进行的，因此或多或少会受到官僚行政风气的影响，从而难以与国际接轨，参与国际竞争并实现与国际工程科技组织的无障碍交流和合作。如同社会主义市场经济体制那样，工程师注册工作同样需要适当减少政府部门的干预，而需要加大国内外工程科技人才的交流，这样才能更好地形成和维持国际上一贯的标准，让工程科技人才的培养和评价工作更加便捷。

第二，我国目前的质量考核体系与工程科技人才的特点并不十分契合，因此我国工程科技人才评价质量的可靠性较低，缺乏一定保障。一方面，我国的高校种类众多，不同高校的专业定位、学科设置和办学特色都不尽相同。虽然近年来许多学校都由学院更名为大学，门类学科也慢慢变得齐全起来，但是，因为各个学校的办学特色、学科基础和招生对象存在一定的差异，所以不同院校培养出的工程科技人才也具有不同的特质，需要针对学校的类型来构建合适的评价指标体系。然而，我国社会各界目前对不同高校的工程科技人才进行评估的时候，仍然采用的是统一标准的质量体系，因此存在一些弊端。暂且不论具有专业特色的高职类技校，我国普通大学尚且存在工科和文科之分，例如，上海财经大学就是一所以财经专业见长的学校，而华南理工大学相较而言则属于具有工科优势的高校，因此培育出的人才也是截然不同的。对于理工科为主的大学和经管文教为主的大学，其培育出的工程科技人才的硬性条件绝对不能用同样的指标来衡量，而应该有针对性地设置不同的评价指标,针对性地构建不同的人才评价体系。再者,对于同为理工科学校背景出身的工程科技人才,同样不能采用同样的标准进行评价,不可一概而论。按照教学质量和招生标准,我国将众高校分为了"985"学校、"211"学校、普通一本、普通二本等类型,由于办学层次的差异,这些学校招收和培育的工程科技人才也很容易处于不同的层次。此外,国家对于不同层次院校的资助标准差异较大,因此不同学校的工程科技人才在学习期间所享受的师资水平、实验设备等硬条件及发展机会等软条件是截然不同的。因为所处的平台不同,自然不能用统一标准来要求和评价。

相较普通学校而言,"985"学校和"211"学校能获取更多的科研经费,因此需要培养的也应该是较为高端和高综合素质的工程科技人才,而普通学校则更偏向于培养专业性和业务性更强的工程科技人才。相应地,在对"985"学校培养的工程科技人才和"211"学校培养的工程科技人才进行评价的时候,个人素质与学校培养目标是否一致、是否达到他们应该达到的目标应该是评估的重点。普通高校在办学校件和科研经费上与"985"学校和"211"学校有一定的距离,但是这些院校培育的工程科技人才可能更加符合甚至超越社会需求的专业人才,即可能得到更好的评价结果。

第三,工程科技人才培养的基本规范并不十分明确,导致工程科技人才的培养目标不够清晰,评价起来也较为困难。理论上,工科类的专业应该以培养工程科技人才的理论水平为主,不仅具有较强的工程教育色彩,也有一定的理论和规范作为指导,然而事实并非如此。实事求是是毛泽东思想的精髓,也应该渗透到工程科技人才的培养过程中,然而我国在探索工程科技人才道路的时候并没有结合中国国情,并从实际出发来走出一条路,而更多地是学习欧美国家和地区等的经验,因此至今还未开拓出一条符合我国工程科技人才教育和培养现状的道路。至今,我国工程教育界在对工程科技人才的培养问题上仍存在一定的分歧。工程教育界现存的一种观点是主张培养工程科技人才和工程师的"毛坯",让其在未来的职业发展过程中自己成长;而现存的另一种观点则是主张培养现成的工程科技人才和工程师,将这些人才直接输送到各个岗位上。因此,工程科技人才评价体系也会因为培养目标的差异而难以推进。即便如此,现实中对工程科技人才的培养也没有按照这些标准来执行,绝大多数工程院校是按照培养科学家的模式培养工程师。值得注意的是，工程科技人才与科学家不太一样的是，科学家更多地需要刻苦钻研的精神，而工程领域基本素质则是培养工程科技人才的重要目标，然而现实中对此的重视程度明显不够。

三、工程科技人才评价手段缺乏多样性

我国现行的工程科技人才评价体系对评价内容的考核比较单一，通常只是采用打分评价和管理层独自评价的方式来完成整个评价工作。目前，我国工程科技人才评价手段在多样性上也略显不足，主要是受到单一的数据收集渠道和低效的测评技术的影响。因此，现行评价体系往往只能得到较为片面的、浅层次的评价结果，而很难挖掘出被评价者丰富的、深层次的信息，使管理层在人才的任用上很难做出全面而客观的决策，也使被评价者容易对不恰当的评价结果产生抵触的不满情绪，进而让评价过程无法达到评价的初衷。

同时，评价手段的单一还表现在评价周期的设置上。大部分的组织一般每年只会进行一次评价工作，而且许多组织都会选择在年初、年中或者年底进行评价，时间上评价的周期较长，往往不能及时地汇总职称的申报情况和奖项的获取情况等进展。同时，随着评价时间节点的到来，往往会在组织和企业内部形成曲棍球棒效应，让工程科技人才一味地提高业绩而忽略了质量，使评价的激励作用大大降低。对工程科技人才进行科学的评价，应该更侧重于平时的工作考核，而不是突击检查，应谨慎选择进行评价的周期，并选择在合适的时间对工程科技人才进行全面的考核和评价，这样才能避免评价单一化的问题，使评价的周期和结果更加丰富，从而达到较好的评价效果。

可见，我国的工程科技人才评价手段的多样性还稍显不足，然而，已有理论研究说明需要注重评价手段的多样性。

美国哈佛大学教育研究院的心理发展学家霍华德·加德纳教授在研究脑部受伤患者的过程中，发现患者作为独立的个体，在学习能力上是存在一定的差异的。由此，加德纳提出人才不应当朝着同一方向发展，并于1983年提出了著名的多元智能理论。在美国的传统教育过程中，学校一直只强调学生在逻辑（即数学）和语言两方面的发展，无论是在课程的设置还是培养的目标上都向这两个学科严重

倾斜，而忽略了学生在其他方面的发展。加德纳认为逻辑和语言并不是人类智能的全部内容，人类作为一种多元的存在，会因为个体的不同而存在不同类型的智能组合。在研究的基础上，加德纳将人类的智能分为语言、数学逻辑、空间、运动、音乐、人际、内省、自然探索和存在这几个范畴，并鼓励人们朝着多元化方向发展。

在多元智能理论的基础上，并随着实践的发展和运用，多元评价理论应运而生。多元评价理论从评价的主体、评价的内容、评价的标准和评价的方式方法这四个方面阐述了评价工作的多元性。在评价主体的多元化中，多元评价理论认为应该注重评价对象和评价主体的统一性，即被评价者不应仅仅扮演被评价的角色，也应该积极提供完备的信息，参与到评价工作，成为自己的评价者；同时，评价工作也不应该仅由单个或单方面的人员完成，而应该动员与评价工作有关的全体成员协同完成评价工作。在评价内容的多元化中，多元评价理论强调不应该局限于某一个方面或是某一个层面的评价，而应该全面设计评价的内容，以期全面且真实地反映被评价者的个人素质，尽量避免遗漏关键信息。在评价标准的多元化中，多元评价理论指出应当注重评价标准的差异化，即尽量不要用统一的、千篇一律的标准去完成所有的评价工作，而应该根据评价对象所处层次、个体特点、目标差异等因素，有针对性地进行评价工作。在评价方法多样性中，多元评价理论比较注重对评价方法的筛选与综合利用，即通过分析比较不同的评价方法，识别不同方法的优缺点和适用情形，然后通过对评价方法的综合利用，在互补的基础上，根据评价客体有针对性地选择与之适应的方法，从而保证评价工作的准确性、真实性和客观性。

综上所述，我国工程科技人才评价的工作并未达到多元智能理论的标准与要求，只有使评价手段更具多样性，才能让评价的内容更加丰富，评价的结果更加准确。对于我国目前工程科技人才评价中存在的方方面面的问题，还需要进行一定的改善。

第三节　工程科技人才评价体系设计

工程科技人才评价体系的设计需要遵循一定的步骤来完成。首先，在设计工程科技人才评价体系之前需要明确评价体系设计的原则,按照原则来进行;其次,在对工程科技人才评价现状存在问题识别和分析的基础上,结合现有的工程人才评价的研究成果,确定评价体系中的评价指标;再次,依据科学的决策方法,确定各个评价指标对应的权重;最后,根据评价指标的特点和组织目标的要求,确定与评价指标相适应的评价方法,正式开始工程科技人才的评价实施过程,并完成工程科技人才评价体系的设计。

一、评价体系设计的原则

工程科技人才评价体系是能够反映工程科技人才个人特质和属性的一系列评价维度和考察方面,并用评价的结果来表征被评价者的状态的一种工具。工程科技人才评价体系的质量是至关重要的,通过精心思考和缜密分析设计出来的工程科技人才评价体系能够较好地与工程科技人才的实际状况进行匹配,并能够更为真实地反映每一个个体的实际情况,从而使评价结果的精度更好,达到降低评价误差的目的;而按照随意、不经思索的原则设计出的工程科技人才评价体系则会存在评价的误差,造成一定的评价风险,进而影响工程科技人才评价结果的真实性、准确性和可靠性,降低评价的质量。为了保证评价内容的效度,工程科技人才评价体系的内容应当科学规范、简单明确和直观可行。在设计工程科技人才评价体系的过程中,应该遵循以下几个原则。

(一)定量与定性相结合的原则

在设计工程科技人才评价体系的过程中,特别是在选取工程科技人才评价指标时,需要遵循定量与定性相结合的原则。在对工程科技人才进行评价时,有些因素是可以用数据来计量的,而有些方面则无法用数据指标来反映,因此需要定量与定性相结合的方法,也就是在考虑工程科技人才的数量特征、数量关系与数量变化的基础上,运用归纳与演绎、分析与综合及抽象与概括等方法,发现工程科技人才的本质,依此构建工程科技人才的评价体系。其中,定量与定性评价指标最主要的区别在于定量评价指标是数据化的指标,而定性评价指标是非数据化的指标。定量和定性作为两种不同的思维方式，可以达到很好的互补效果，更好地发现工程科技人才评价的内在规律。此外，在工程科技人才评价结果的统计阶段，我们可以采取一定的优化方法来把定性指标有效地转化为定量指标，从而提高衡量和比较工程科技人才的便捷性。

（二）完整性与简洁性相结合的原则

无论是在何种岗位上，工程科技人才的日常工作都涉及众多的领域和不同的层次，因此具有一定的复杂性。为了全面地对工程科技人才进行评价，就必须在设计评价体系的时候注重评价体系的完整性，使各评价指标能够较为全面地反映工程科技人才方方面面的个人素质，进而使评价过程和评价结果的有效性得到保障。另外，评价工作的效率和经济性也是需要注意的，过多的评价指标会增加评价内容的繁冗程度，延长评价过程的持续时间，产生不必要的成本。因此，在设计工程科技人才评价体系的时候，在选取评价指标时，要注意筛选最能反映工程科技人才素质的指标，去除那些影响力较小、无关紧要的评价指标，从而提高评价过程的效率。因此，在设计工程科技人才评价体系时，既要考虑到能全面地反映工程科技人才的方方面面，又要考虑到使评价的内容尽量精炼和简洁，即坚持完整性和简洁性相结合的原则。

（三）目标导向的原则

一方面，工程科技人才评价体系是为了得出一个反映工程科技人才个体素质优劣的结果，以便为企业和部门的人事调动提供参考依据；另一方面，工程科技人才评价体系需要引导和鼓励被评价者朝着工程科技人才培养的目标发展，即目标导向的作用。"中国制造2025"提出了"创新驱动、质量为先、绿色发展、结构优化、人才为本"的理念，因此在构建工程科技人才评价体系时也要考虑目标导向这一原则，即结合"中国制造2025"的发展理念，并根据工程科技人才的培养目标和对不同目标的重视程度来设置评价指标和指标的权重，以便让工程科技人才朝着国家和社会期望的方向成长和发展。

二、评价指标的选取

工程科技涉及的领域非常广泛，包括土木、水利、航空航天、钢铁、电子、石油石化等领域。本书在对工程科技人才和教育现状进行剖析的基础上，采用实证研究和理论研究相结合的方式，利用问卷调查、重点访谈和座谈等形式，对工程科技人才的评价指标的选取进行研究。

其中，问卷调查包括对企业人力资源部分的调查和对工程管理人才个人的调查两个部分。在调查过程中，一共发放人力资源部门问卷200份，并获得了反馈问卷126份；其中发放针对个人的问卷5000份，最终获得了反馈问卷2780份，有效问卷2630份。

此外，工程科技人才评价现状反映出我国目前对该类人才的评价是采用同样的标准一概而论的，缺乏针对性，同时考虑到工程科技人才在组织中分散于不同的部门和岗位，从不同的角度为国家的发展作出贡献，发挥着不同的职能，因此，本书对工程科技人才的评价没有采用同样的评价指标体系，而是根据他们所处的实际岗位来进行具体分析和评价，提高评价体系的针对性。综合问卷调查和理论研究的现有成果，本书分别从基本素质评价和岗位素质评价这两个方面选取了适合工程科技人才的评价指标。

针对不同岗位的工程科技人才，需要综合基本素质评价指标和岗位评价指标对其进行评价。评价体系如图3.1所示。

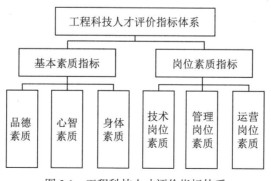

图3.1　工程科技人才评价指标体系

（一）基本素质评价指标

工程科技人才的基本素质是他们在长期的学习和实践过程中积累而达到的水平，涉及工程科技人才的意识形态、道德水平、心智水平和健康水平等诸多内容，包括他们的三观、进取心、忠诚度等诸多方面。

已有部分学者针对人才的基本素质进行了研究，并取得了一定的研究成果。部分学者认为品德素质对于科技人才的发展至关重要。例如，李辉等[2]认为在航空科技人才的培养过程中，应该高度重视航空科技人才的思想品德教育，提高他们的品德素质；萧鸣政和张丁子[3]同样认为品德素质是管理人才必须具备的素质之一，并细分了一些管理人才必须具备的品德素质。也有部分学者比较重视科技人才的心智素质，如衣新发和蔡曙山[4]指出了创新人才所需的六种心智，即专门领域知识心智、内在动机心智、多元文化经验心智、问题发现心智、专门领域判断标准心智和说服传播心智；王明照和王红[5]也认为在培养科技人才的时候需要注重对他们心智技能的培养，特别是思维能力、独立承受问题的能力、创新能力等。还有部分学者的研究指出身体素质是当下科技人才必须具备的素质之一。例如，梁梦凡[6]研究发现科技人才的健康状况对科技人才的发展是至关重要的，并列举了一些科技人才健康状况的影响因素。此外，调查问卷的结果也反映出人们对工程科技人才的品德、知识水平和身体状况几个因素较为重视。可见，品德素质、心智素质和身体素质对于工程科技人才的发展是举足轻重的。

因此，本书在问卷调查和理论研究的基础上，根据工程科技人才的特点，主要从品德素质、心智素质和身体素质三个维度选取了合适的评价指标。

其中，品德素质主要选取了思想政治表现、进取心、责任感、忠诚度、主动性、合作精神、创新精神这几个指标；心智素质评价指标主要选取了学历层次、任职资历、专业技术职务等级、外语水平和计算机水平这几个指标；身体素质主要选取了身体健康状况、心理健康状况、工作精力这几个评价指标。具体评价指标体系如表3.1所示。

表 3.1　基本素质评价指标表

一级评价指标	二级评价指标	三级评价指标
基本素质	品德素质	思想政治表现
		进取心
		责任感
		忠诚度
		主动性
		合作精神
		创新精神
	心智素质	学历层次
		任职资历
		专业技术职务等级
		外语水平
		计算机水平
	身体素质	身体健康状况
		心理健康状况
		工作精力

企业和组织作为社会和国家的一部分，需要为社会的发展和国家环境的稳定贡献自己的力量，因此，在对工程科技人才进行评价时，需要注重他们的思想政治表现，考察其政治思想是否与社会利益与国家利益相违背。而进取心和责任感则是判断工程科技人才能否高质量地完成任务的重要量度，只有具备了进取心和责任感，并有一定的自律意识，工程科技人才才能严格要求自己，认真完成组织给予他们的工作。而工程科技人才对社会和国家的忠诚度则直接决定了他们能否为社会和国家尽心尽力，不做对社会和国家有害的事情。同时，工程科技人才评价的现状表明我国目前还存在对人才评价工作持消极态度的工程科技人才，缺乏一定的积极性和主动性，进而影响了人才评价工作的顺利进行；而工程科技人才评价的现状同样还表明了各部门及各层级的员工联合评价能够提高评价结果的合理性，因此需要通过提高工程科技人才的合作精神来提高他们的参与程度，为工

程科技人才评价工作提供助力。同时，考虑到"中国制造 2025"的指导方针还对工程科技人才的创新精神提出了要求，在品德素质的评价指标中，还纳入了主动性、合作精神和创新精神这三个指标。

心智素质主要涵盖了工程科技人才专业知识水平的相关内容。工程科技人才评价的现状表明我国工程科技领域的专业化程度不够，目前还未高度实行工程科技人才的专业认证制度。因此，在评价体系中需要增加对这个因素的考虑。任职资历和专业技术职务等级是他们经验的体现，直接反映了他们对工作岗位的熟悉程度，而学历层次、外语水平和计算机水平则是他们知识水平的直接体现，也反映了他们学习的能力，因此本书将这些评价指标纳入了评价体系。

此外，工程科技人才不仅要注重自身的身体健康，还要注重自身的心理健康，这样才能将工作的负担降到最低。另外，工程科技人才还应该保证自己有十足的工作精力参与到工作中，这样才能保证有效率且有质量地完成组织交代的任务。

（二）岗位素质评价指标

已有部分学者针对人才的评价问题进行了研究，并在评价指标的选取方面取得了一定的研究成果。关于人才的评价指标，部分学者认为专业素质对科技人才至关重要，例如，吴昌林[7]指出我国需要认真开展专业认证，培养创新型机械工程科技人才；韩永宝[8]也认为应注意科技型企业专业技术人才的培养，提高科技人才的专业素质，并对这类人才的激励机制进行了研究；王晓芳[9]则指出可以将人才的能力作为评价人才的标准之一。此外，也有部分学者认为科技人才对企业和组织的贡献程度是较为重要的，例如，马光威[10]指出，可以将人才的贡献度作为评价科技人才的标准；李光红和杨晨[11]也提出将人才的业绩水平作为评价人才的指标之一；李云梅等[12]也认为业绩是衡量科技人才价值的重要标准，并对科技人才技术创新业绩评价模型进行了研究。可见，研究学者们认为可以将专业素养和业务水平作为评价人才乃至科技人才的重要指标。此外，根据问卷调查的分析结果，约占 60%的被调查者认为工程科技人才的专业能力和业务水平是组织对他们的价值进行判断的两个重要标准，工程科技人才的评价现状同样要求工程科技人才具备一定的专业素质，从而推动工程科技人才的专业认证进程。因此，综合问卷调查的分析结果和已有的学术研究成果，结合工程科技人才的特点，本书分别从专业素质和业绩贡献两个分支选取了工程科技人才在岗位素质方面的评价指标。

此外，考虑到国家和社会各界中存在不同类型的部门，各部门协同起来为国家和社会部门的日常运转作出自己的贡献，因而在这些组织中也存在各式各样的工作岗位。按照人力资源研究领域划分岗位的惯例标准，一般将组织中的工作岗位划分为技术岗位、管理岗位和运营岗位，分别负责组织中技术相关、管理相关和运营相关的工作。由于岗位设置的不同，其具备的职能及需要实现的目标也有所差异，因此在不同岗位上任职的工程科技人才不仅完成着差异化的工作内容，也需要与他们的工作条件、工作性质等相适应的评价体系和评价指标。只有这样，才能全面且真实地反映每个工程科技人才的实际水准。因此，本书分别从技术岗位评价、管理岗位评价和运营岗位评价这三个维度选取了适合评价工程科技人才的一系列评价指标。

1. 技术岗位素质评价指标

在组织中，技术岗位指的是那些根据现行专业技术职务有关规定和行业岗位设置管理指导意见确定的，从事具有相应专业技术水平和能力要求的工作的工作岗位。这一岗位的设置需要符合专业技术工作的特点和规律，达到发展社会公益事业与提高专业素质的目的。因此，对于任职于技术岗位的工程科技人才需要与其工作岗位特点相符合的评价指标。本书在问卷调查和理论研究的基础上，主要是从专业素质和业绩贡献两方面选取了与之契合的评价指标。

其中，专业素质方面的评价指标主要包括专业技术熟练程度、完成技术工作的错误率、完成技术工作的效率、服务对象的满意度、取得技术专业资格的数量、参加培训的次数这几个指标；业绩贡献方面的评价指标主要包括参与项目的数量、个人工作量、参与完成科研课题和规范编制项目的数量、取得发明专利或其他科研成果奖励的数量、公开发表的论文和著作的数量这几个指标。具体评价指标体系如表3.2所示。

表 3.2 技术岗位素质评价指标表

一级评价指标	二级评价指标	三级评价指标
技术岗位素质	专业素质	专业技术熟练程度
		完成技术工作的错误率
		完成技术工作的效率
		服务对象的满意度
		取得专业技术资格的数量
		参加培训的次数
	业绩贡献	参与项目的数量
		个人工作量
		参与完成科研课题和规范编制项目的数量
		取得发明专利或其他科研成果奖励的数量
		公开发表的论文和著作的数量

一方面，在技术岗位上任职的工程科技人才需要具备一定的专业素质。首先，工程科技人才需要具备较高的专业技术熟练程度，并取得技术专业资格，这是他们工作能力的直观体现。其次，可以从工程科技人才完成技术工作的错误率、完成技术工作的效率和服务对象的满意度三个方面来判断他们的工作质量。同时，工程科技人才还需要参与一定次数的培训来提升自我的专业素养。因此，可以从以上维度来评价就职于技术岗位的工程科技人才的专业素质。

另一方面，工程科技人才还需要为企业和组织作出一定的贡献，这是他们对于企业和组织的价值所在。而对他们业绩贡献的评估，则可以通过考核工程科技人才参与项目的数量、个人工作量及参与完成科研课题和规范编制项目的数量来实现。此外，还可以通过他们取得发明专利或其他科研成果奖励的数量与公开发表的论文和著作的数量来评价他们的科研业绩。

2. 管理岗位素质评价指标

在组织中，管理岗位指的是那些担负领导职责或管理任务的工作岗位。管理岗位的设置主要是为了达到增强组织运转效率和效果、提高员工工作效率、提升管理层管理水平的目的。人才的技能主要可以分为技术技能、概念技能和人际关系技能，与技术岗位的工程科技人才不同的是，管理岗位的工程科技人才在日常的工作中主要发挥的是概念技能和人际关系技能，因此对他们进行评价，需要用一些其他的评价指标。本书在问卷调查和理论研究的基础上，也主要是从专业素质和业绩贡献两个维度选取了适合评价这类工程科技人才的指标。

其中，专业素质方面的评价指标主要包括团队协作能力、决策能力、执行能力、应变能力、人才培养能力、社会适应能力、情绪调控能力和时间管理能力这几个指标；业绩贡献方面的评价指标主要包括工作数量、工作质量、工作效率和创新成效这几个指标。具体评价指标体系如表 3.3 所示。

表 3.3　管理岗位素质评价指标表

一级评价指标	二级评价指标	三级评价指标
管理岗位素质	专业素质	团队协作能力
		决策能力
		执行能力
		应变能力
		人才培养能力
		社会适应能力
		情绪调控能力
		时间管理能力
	业绩贡献	工作数量
		工作质量
		工作效率
		创新成效

管理岗位上的工程科技人才不同于技术岗位上的工程科技人才，对他们专业素质的评价应该更加侧重于他们的管理能力。对于企业和组织的管理者而言，团队协作能力、决策能力和时间管理能力是他们专业素质的试金石；而执行能力、应变能力、人才培养能力和社会适应能力则决定了他们能创造的企业和组织的协调程度，是前三项指标的补充。

管理岗位上的工程科技人才不仅需要具备一定的专业素质，同样需要为企业和组织的业绩作出贡献，因此需要对他们的业绩贡献作出评价。具体地，管理岗位上的工程科技人才的工作数量反映了他们在企业和组织中的参与程度，而工作质量和工作效率则反映了他们业绩的优良，创新成效作为业绩贡献的另一个子部分，也是需要重点考核的，这决定了企业和组织是否具有活力，是否能够长远发展。

3. 运营岗位素质评价指标

在组织中，运营岗位作为一类综合职能的岗位，起到对组织的经营管理全过程进行计划、执行和控制的作用。具体地，运营岗位主要是对组织的日常运营行为及业务、财务等运营流程进行指导、协调和监督。可见，运营岗位与技术岗位和管理岗位也是截然不同的，因此也需要一套适合处于运营岗位的工程科技人才的评价指标体系。本书在问卷调查和理论研究的基础上，也主要是从专业素质和业绩贡献两个维度选取了适合评价这类工程科技人才的指标。

其中，运营岗位的专业素质方面的评价指标主要包括运营技能的熟练程度、运营工作错误率、服务对象满意度、团队协作能力、沟通能力、应变能力和参与培训次数这几个评价指标；业绩贡献方面的评价指标主要包括参与项目的数量、运营业务完成率、项目合同签订率、部门业绩提高率这几个评价指标。具体评价指标体系如表 3.4 所示。

表 3.4　运营岗位素质评价指标表

一级评价指标	二级评价指标	三级评价指标
运营岗位素质	专业素质	运营技能的熟练程度
		运营工作错误率
		服务对象满意度
		团队协作能力
		沟通能力
		应变能力
		参与培训次数
	业绩贡献	参与项目的数量
		运营业务完成率
		项目合同签订率
		部门业绩提高率

　　对于运营岗位上的工程科技人才，也是从专业素质和业绩贡献两个方面来进行评价。在专业素质评价方面，将运营技能的熟练程度、运营工作错误率和服务对象满意度作为评价指标，可以反映他们是否有足够的专业素质来完成运营工作。不同于技术岗位上的工程科技人才，运营岗位上的工程科技人才也需要与行政事务有交集，因此同样需要具备一定的管理水平。因此，在对他们的专业素质进行评价时，还需要考核他们的团队协作能力、沟通能力、应变能力几个方面。最后，与技术岗位上的工程科技人才一样，参与培训有助于他们运营专业素养的提升，因此将参与培训次数作为评价他们专业素质的指标之一。

　　另外，运营岗位上的工程科技人才与其他岗位上的工程科技人才一样，也要为企业和组织的业绩作出贡献。与前两者不同的是，参与项目的数量和运营业务完成率更能反映出他们实际参与的工作量，而项目合同签订率和部门业绩提高率则直接反映了他们运营工作的质量，因此将这几个指标综合起来评价他们的业绩贡献。

三、评价指标权重的设置

　　权重是各评价指标在工程科技人才评价指标体系中的重要性的体现，不同的衡量因素在衡量和评估工程科技人才的过程中发挥着不同程度的作用，因此赋予它们的权重也是不尽相同的。在设置工程科技人才评价指标权重的过程中，主要是运用主观经验法和专家加权法相结合的方法。其中，主观经验法主要是依据现有研究成果，并结合专家意见确定权重的简单方法；而专家加权法则是组织专家对各评价素质指标进行一一比较，按照重要性构建评价指标的判断矩阵，从而得出评价指标权重的方法。主观经验法操作简单，但信度和效度水平不高，而专家加权法则正好可以弥补这一缺陷。其中，在征询专家意见来确定指标权重时，可以参考德尔菲法的步骤来执行。具体过程如图 3.2 所示。

　　综合使用主观经验法和专家加权法，可以较好地保证工程科技人才评价指标权重的客观性和科学性。

　　在主观经验法的基础上，还可以利用层次分析法来确定各个指标的权重。具体的操作步骤如下。

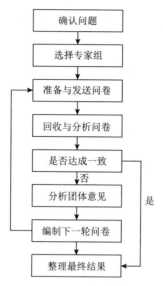

图 3.2　德尔菲法具体步骤

首先，分别将评价结果、一级评价指标、二级评价指标和三级评价指标划分为层次分析法中的目标层、准则层、子准则层和方案层。

其次，构造同一层次内 n 个指标相对重要性的判断矩阵 A。

最后，将判断矩阵 A 的各行向量进行几何平均，然后归一化处理，即 $w_i = \dfrac{\overline{w}_i}{\sum_{i=1}^{n} \overline{w}_i}$，得到的行向量 w_i 即为权重向量。

四、评价的方法

科技人才评价领域已经取得了一定的研究成果，在评价方法的研究上也有所建树。目前，已有许多学者运用不同的评价方法对科技人才的评价进行了研究，如加权平均得分法、层次分析法、灰色关联分析、主成分分析法、模糊综合评价法等。工程科技人才作为科技人才的一个重要分支，也可以采用这些方法进行综合评价。

（一）加权平均得分法

加权平均得分法是在对各评价指标独立打分的基础上，根据事先确定的权重对各指标的得分进行加权计算，并将最终得到的加权平均得分作为评价依据的一种评价方法。这是一种多目标决策的方法，不仅涉及定性指标，也包括定量因素。加权平均得分法的操作比较简单，在现实生活中是运用最为广泛的评价方法之一，但是，由于这种方法需要决策者根据自己的决策经验将评价指标进行量化，对权重分配合理性的要求较高。也正因为该方法的最终结果高度依赖各指标得分和指标权重分配的科学性，评价结果的准确性存在一定的缺陷。加权平均得分法的基本计算公式为：$y_j = \sum_{i=1}^{n} c_{ij} w_{ij}$，其中 c_{ij} 为第 j 个分量中第 i 个评价指标因子的分值，w_{ij} 为第 j 个分量中第 i 个评价指标被赋予的权重，而 y_j 即为第 j 个分量的最终加权平均得分结果。

（二）层次分析法

层次分析法（analytic hierarchy process，AHP）是一种定性与定量相结合的评价方法，适用于评价因素难以量化且结构复杂的评价问题。层次分析法的基本步骤如下。

首先，将评价问题涉及的因素按隶属关系分为目标层、准则层和方案层，构造出一个具有递阶关系的层次结构。

其次，将所处同一层次的不同因素的重要性进行两两比较，构造出一个两两判断矩阵 A。

再次，根据前面提到的方法构造出指标权重向量和一致性指标。

最后，对各层次进行总排序。在计算了各级要素的相对重要度以后，即可从目标层开始，自上而下地求出各层要素关于总体的综合重要度，即进行层次总排序，然后根据总排序的结果为决策者提供依据。

（三）灰色关联分析

灰色关联分析是一种根据不同因素变化趋势的一致性程度（即关联度），分析各因素之间的相互影响程度和对目标贡献程度，从而对系统发展趋势进行比较分析的方法。

灰色关联分析的基本步骤如下。

首先，确定反映系统行为特征的参考数列和影响系统行为的比较数列，并对参考数列和比较数列进行无量纲化处理。

其次，求参考数列与比较数列的灰色关联系数 $\xi(X_i)$。

再次，求关联度 $r_i = \dfrac{1}{N} \sum_{k=1}^{N} \xi_i(k)$。

最后，将关联度进行排序，得到评价的结果。

（四）主成分分析法

主成分分析也称主分量分析，是多元统计中常用的统计方法之一。主成分分析的基本思想是通过提取某些变量之间的共同信息，从而将原来的多个指标转化为少数线性无关的综合指标。基本步骤为：首先，将指标数据进行标准化；其次，对指标之间的相关性进行判定并确定主成分的个数；最后，通过计算得到各主成分的表达式并对各主成分进行命名。

主成分分析可以消除评价指标之间相关性的影响，并适当减少选择指标过程中的工作量。但是，主成分分析无论是在累计贡献率的解释上还是在主成分实际意义的解释上，都会面临一定的质疑，因此会有一定的弊端。

（五）模糊综合评价法

模糊综合评价法是一种基于模糊数学的、结果清晰、系统性强的综合评价方法。它利用评价客体隶属度，将定性指标转化成定量指标，从而完成综合性的评判工作。该方法适用于那些界限模糊的、非确定性的和难以被量化的复杂评价问题。模糊综合评价法的基本步骤如下。

首先，构建模糊综合评价指标，即确定能够较好反映评价客体各方面的一系列指标，确定因素集。

其次，构建权重向量和模糊关系评价矩阵，并选用合适的合成因子对其进行合成。

再次，对单因素进行模糊综合评价。

最后，按照评价指标的层次，依次对一级评价指标、二级评价指标和三级评价指标进行综合评价，得到结果向量，即最终的模糊综合评价结果。

模糊综合评价法得到的最终结果是一个矢量，而不是一个点值，因此包含更加丰富的信息，这些信息经过加工处理之后还可以得到其他参考信息。但是，当模糊指标集较大时，权重向量和模糊关系评价矩阵容易由不匹配造成超模糊现象，导致隶属度无法区分和模糊综合评价的失败。

第四节　工程科技人才评价应用——以航空航天领域为例

本书利用加权平均得分法，针对航空航天领域工程科技人才的评价进行了研究。考虑到加权平均得分法的局限性，本书利用德尔菲法反复征询了专家关于权重和各项得分的意见，最终得到了比较准确的权重数据和得分数据，并分别针对技术岗位、管理岗位和运营岗位的航空航天领域工程科技人才进行了评价。

评价结果的好坏需参照表 3.5 来进行衡量，以便于后续分析工作的展开。

表 3.5　工程科技人才评价结果量表

评价得分	评级
90~100	优秀
80~89	良好
70~79	中等
60~69	合格
0~59	不合格

量表将评价结果分为优秀、良好、中等、合格和不合格五个等级，具体需要达到的评价得分如表 3.5 所示。

一、技术岗位的工程科技人才评价

根据德尔菲法，在征询专家组意见后确定了技术岗位航空航天领域工程科技人才评价指标体系中各评价指标的权重和各项得分，结果如表 3.6 所示。

表 3.6 我国技术岗位航空航天领域工程科技人才评价表

评价指标			权重/%	得分
一级指标	二级指标	三级指标		
基本素质	品德素质	思想政治表现	1	92
		进取心	2	87
		责任感	3	88
		忠诚度	1.5	88
		主动性	4.5	85
		合作精神	6.5	92
		创新精神	5	95
	心智素质	学历层次	2	94
		任职资历	1.5	88
		专业技术职务等级	1	93
		外语水平	3	86
		计算机水平	3	97
	身体素质	身体健康状况	1.5	92
		心理健康状况	1.5	90
		工作精力	2	88
技术岗位素质	专业素质	专业技术熟练程度	10	95
		完成技术工作的错误率	6.5	90
		完成技术工作的效率	6	93
		服务对象的满意度	8.5	94
		取得专业技术资格的数量	5	95
		参加培训的次数	3	93
	业绩贡献	参与项目的数量	5.5	89
		个人工作量	5.5	86
		参与完成科研课题和规范编制项目的数量	5	95
		取得发明专利或其他科研成果奖励的数量	3	93
		公开发表的论文和著作的数量	3	82

　　根据评价表的内容，加权计算后可以得到我国技术岗位航空航天领域工程科技人才的得分为 91.37 分，对应评价结果量表中的优秀评级。因此，从宏观层面而言,我国技术岗位上的航空航天领域工程科技人才是综合素质很高的一批人才。

　　从评价表中权重的赋值来看，专家对于技术岗位的工程科技人才，比较注重对专业素质和业绩贡献的考核，其中给专业技术熟练程度赋予了 10% 的权重。相较专业素质和业绩贡献，专家对品德素质、心智素质和身体素质的重视程度要稍微小一些，但是对于品德素质中的合作精神这一指标，也赋予了 6.5% 的权重，这不仅说明了合作对于这类人才的重要性,也在一定程度上反映了"中国制造 2025"对这类人才提出的新要求。

　　从评价表中的各项得分来看，专业素质下属的各个指标的得分普遍较高，说明我国技术岗位航空航天领域工程科技人才的专业素质还是过硬的，然而，主动性、公开发表的论文和著作的数量这两项指标的得分稍显偏低，说明我国技术岗位航空航天领域工程科技人才的工作主动性还有待提高，并且这类人才更加注重实践，对于理论研究则稍显不足。

二、管理岗位的工程科技人才评价

　　根据德尔菲法，在征询专家组意见后确定了管理岗位航空航天领域工程科技人才评价指标体系中各评价指标的权重和各项得分，结果如表 3.7 所示。

表 3.7　我国管理岗位航空航天领域工程科技人才评价表

评价指标			权重/%	得分
一级指标	二级指标	三级指标		
基本素质	品德素质	思想政治表现	1	94
		进取心	2	84
		责任感	3	88
		忠诚度	1.5	86
		主动性	5.5	83
		合作精神	6.5	90
		创新精神	5	84

评价指标			权重/%	得分
一级指标	二级指标	三级指标		
基本素质	心智素质	学历层次	2	94
		任职资历	1.5	96
		专业技术职务等级	1	82
		外语水平	3	92
		计算机水平	3	88
	身体素质	身体健康状况	1.5	90
		心理健康状况	1.5	94
		工作精力	2	86
管理岗位素质	专业素质	团队协作能力	11	88
		决策能力	7.5	90
		执行能力	7	86
		应变能力	4.5	84
		人才培养能力	4	82
		社会适应能力	5	88
		情绪调控能力	3	89
		时间管理能力	5	87
	业绩贡献	工作数量	2	86
		工作质量	3	86
		工作效率	3	84
		创新成效	5	82

根据评价表的内容,加权计算后可以得到我国管理岗位航空航天领域工程科技人才的得分为 87.035 分,对应评价结果量表中的良好评级。因此,从宏观层面而言,我国管理岗位上的航空航天领域工程科技人才是综合素质比较高的一批人才。

从评价表中权重的赋值来看,专家对于管理岗位航空航天领域工程科技人才,比较注重对品德素质和专业素质的考核。其中,在专业素质的赋权中,给予了团队协作能力 11% 的权重,说明航空航天行业的管理人才和其他行业的管理人才一样，团队协作能力是其必备的素质之一。此外，从专家对品德素质的赋权来看，品德素质对于航空航天领域的管理人才而言，同样需要保持主动性、合作精神、创新精神等风貌，特别是创新精神。航空航天领域作为高科技领域，创新精神对于该领域的人才和该领域的发展而言都是至关重要的，这也是"中国制造 2025"对人才提出的新要求，因此对于业绩贡献中的创新成效这一指标，专家同样赋予了 5%的权重。相对于品德素质和专业素质而言，心智素质、身体素质和业绩贡献这三个维度的指标的重要程度相对小一些，但同样应当得到关注。

从评价表中的各项得分来看，管理岗位航空航天领域工程科技人才的基本素质得分要稍微高于岗位素质得分，说明航空航天领域的人才需要加强对自身岗位素质的培养。

三、运营岗位的工程科技人才评价

根据德尔菲法，在征询专家组意见后确定了运营岗位航空航天领域工程科技人才评价指标体系中各评价指标的权重和各项得分，结果如表 3.8 所示。

表 3.8　我国运营岗位航空航天领域工程科技人才评价表

评价指标			权重/%	得分
一级指标	二级指标	三级指标		
基本素质	品德素质	思想政治表现	1	94
		进取心	2	82
		责任感	3	88
		忠诚度	1.5	86
		主动性	5.5	89
		合作精神	6.5	86
		创新精神	5	87
	心智素质	学历层次	2	90
		任职资历	1.5	84
		专业技术职务等级	1	86
		外语水平	3	92
		计算机水平	3	89

续表

评价指标			权重/%	得分
一级指标	二级指标	三级指标		
基本素质	身体素质	身体健康状况	1.5	90
		心理健康状况	1.5	92
		工作精力	2	87
运营岗位素质	专业素质	运营技能的熟练程度	3.5	88
		运营工作错误率	2.5	90
		服务对象满意度	5.5	87
		团队协作能力	6	85
		沟通能力	5.5	85
		应变能力	4.5	88
		参与培训次数	2.5	94
	业绩贡献	参与项目的数量	5.5	90
		运营业务完成率	6.5	90
		项目合同签订率	8.5	84
		部门业绩提高率	9.5	88

根据评价表的内容，加权计算后可以得到我国运营岗位航空航天领域工程科技人才的得分为87.665分，对应评价结果量表中的良好评级。因此，从宏观层面而言，我国运营岗位上的航空航天领域工程科技人才是综合素质比较高的一批人才。

从评价表中权重的赋值来看，专家对于运营岗位航空航天领域工程科技人才，比较注重对专业素质和业绩贡献的考核，说明航天领域的运营人才不仅需要一定的运营能力，还需要利用自己的运营能力为组织作出一定的贡献。其中，部门业绩提高率被专家赋予了9.5%的权重，说明绩效对于运营岗位航空航天领域工程科技人才而言仍然是一个硬性指标，需要加以重视。此外，运营岗位航空航天领域工程科技人才因为岗位的特殊性，也应当具备一些管理人才需要具备的素质，如团队协作能力、应变能力等，以利于自己运营工作的开展。

从评价表中的各项得分来看，运营岗位航空航天领域工程科技人才的各项得分比较均衡，都处于中上游的位置，说明航空航天领域的运营人才的各项素质的发展比较均衡，但也没有凸显出自己在某一方面的优势。因此，该领域的运营人才还需要不断地学习和实践，以全面提高自身的素质和技能。

本 章 小 结

本章主要介绍了工程科技人才评价的相关内容。首先，给出了工程科技人才评价的具体内涵，增进了对工程科技人才评价这一概念的理解。其次，指出了我国工程科技人才评价工作存在的三方面的问题，即工程科技人才评价意义缺乏认识、工程科技人才评价内容缺乏针对性、工程科技人才评价手段缺乏多样性。再次，遵循定量与定性相结合的原则、完整性与简洁性相结合的原则和目标导向的原则，从基本素质和岗位素质两个维度设计了工程科技人才的评价体系，并利用德尔菲法来确定各个评价指标对应的权重。最后，本章选取航空航天领域的工程科技人才为评价对象，对航空航天领域工程科技人才中的技术岗位人才、管理岗位人才和运营岗位人才分别进行了评价，并对评价的结果进行了分析。

参 考 文 献

[1] 王学典. A 省交通设计院人才评价体系的研究[D]. 成都: 西南交通大学硕士学位论文, 2011.

[2] 李辉, 宋笔锋, 宣建林. 坚持德育为先 创新航空科技人才思想品德教育培养模式——以西北工业大学航空科技人才培养为例[J]. 中国高教研究, 2009, (4): 82-83.

[3] 萧鸣政, 张丁予. 试论管理人才应具备的品德素质——基于职能要求的分析[J]. 中国行政管理, 2008, (3): 86-89.

[4] 衣新发, 蔡曙山. 创新人才所需的六种心智[J]. 北京师范大学学报(社会科学版), 2011, (4): 31-40.

[5] 王明照, 王红. 注重心智技能 培养智能人才[J]. 职业圈, 2007, (6): 44, 48.

[6] 梁梦凡. 科技领军人才健康状况及影响因素研究[D]. 西安: 西安工程大学硕士学位论文, 2016.

[7] 吴昌林. 认真开展专业认证 培养创新型机械工程科技人才[J]. 中国高等教育, 2008, (18): 19-21.

[8] 韩永宝. 科技型企业专业技术人才激励研究[D]. 北京: 北京物资学院硕士学位论文, 2009.

[9] 王晓芳. 探索建立院校引才评价体系[J]. 中国人才, 2013, (1): 52-53.

[10] 马光威. 浅析科技人才与公共物品[J]. 中国科技信息, 2006, (2): 87.

[11] 李光红, 杨晨. 高层次人才评价指标体系研究[J]. 科技进步与对策, 2007, 24(4): 186-189.

[12] 李云梅, 朱丽娟, 钱虹. 科技人才技术创新业绩评价模型研究[J]. 当代经济, 2012, (1): 116-119.

第四章　工程科技人才成长规律

随着信息技术的快速发展和"中国制造 2025"战略的提出，国家划定了十大核心发展领域，对人才培养提出新的需求，本部分基于"中国制造 2025"背景，提出了针对高等工程科技人才培养的"工"型人才成长规律，希望对我国高等工程科技人才的培养有一定指导意义。

第一节　"工"型人才

一、"工"型人才模型

20 世纪初国内学者提出了"T"型人才的概念，即以继续学习能力培养为核心，职业实践能力为重点的一种新型人才培养模式，这种培养模式能比较好地协调工作岗位的针对性和适应性，从而很好地优化人才培养模式[1]。"T"型人才分为横向一般能力和纵向深化能力，其中横向一般能力是"T"型人才的基础和前提，而纵向的专业能力决定了"T"型人才专业能力的高低和胜任工作的能力。

以"T"型人才为基础，我们提出了新型的"工"型工程科技人才模型，探讨从高等教育开始至后续教育阶段工程科技人才的最佳成长路径。"工"型人才优化了人才结构的独特性，且其考虑了将人才模型与职业生涯发展的特点相结合，加入了时间特性对人才发展的影响，以实践为特色，直接面向应用，致力于培养具有"交叉集成的综合素质+专业深入的经验积累+宽泛扎实的基础教育"的人才。"工"型中较长的横线代表了支持工程科技人才发展的基本一般能力，此类能力通常在基础教育及高等教育阶段获得，是支持工程科技人才专业性发展的基石部分。竖线表示工程科技人才掌握的深度的专业知识，专业知识的获得不仅是在全日制教育阶段由学校老师教育获得，更多的是在工作过程之中由工作经验转化而知晓，这两方面缺一不可并相互支持。较短的横线表示工程科技人才的综合拓展能力，如管理协调能力及从事大型复杂项目的能力，此类能力与专业能力相结合，才可称为"工"型工程科技人才。图 4.1 为"工"型人才示意图。

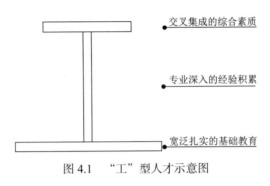

● 交叉集成的综合素质

● 专业深入的经验积累

● 宽泛扎实的基础教育

图 4.1　　"工"型人才示意图

二、"工"型工程科技人才

随着国际金融危机和经济体系的衰退，各个发达国家也重新审视自身的产业发展远景并先后推出了"再工业化"策略以重振制造业，力图以技术突破和创新设计引领、推动制造服务、经济方式的变革创新，比如，德国提出的"工业 4.0"及美国制定的《重振美国制造业框架》。"中国制造 2025"的提出为工程科技人才提出了新的要求，这对我国工程科技人才培养的改革来说可谓机会与挑战并存。在制造业转型升级的背景下迫切需要转变人才的培养方式，依靠人才来促进发展方式的转变和产业的转型升级，培养适合于"中国制造 2025"背景下的工程科技人才。

据此我们提出适应"中国制造 2025"背景的工程科技人才成长模型，如图 4.2 所示。除去工程科技人才需要基本具备的技术技能、人际技能和管理技能，模型还涵盖了横向拓宽一般技能以增强其多方位的能力储备，如团队协作能力、自学能力、职业道德、国际视野，同样，还需包括纵向深化的专业能力，如创新能力和实践能力。具体的"工"型工程科技人才模型如图 4.2 所示。

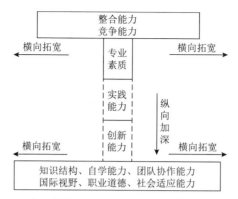

图 4.2　"中国制造 2025"下"工"型工程科技人才模型

（一）工程科技人才基本素质

本书的评价体系章节为了便于评价与细化，已经对工程科技人才所需素质有了一个初步的划分，将其分为基本素质、技术岗位素质、管理岗位素质及运营岗位素质，并对评价指标进行了量化。本部分我们将评价指标进行整合，从技术技能、人际技能及管理技能三个维度来讨论工程科技人才的能力要求。在技术技能层面，工程科技人员的能力是指使用专业内知识、技术、工作程序来完成组织任务的能力。技术是工程的基石，大型工程的实施需要各种各样专业技术的支持，技术水平的成熟与否常常决定着工程的成败，因此，工程科技人才的技术素质往往会影响到技术管理的效率。在人际技能层面，随着现代信息技术的不断发展，国际化合作水平的不断提高，现代大型综合工程项目往往会超越国界并应用各种先进的信息技术手段进行控制，因此要求工程科技人才有较强的人际技能，一方面可以确保在沟通过程中准确地传达信息，另一方面可以维持工作环境的和谐协调。最后是管理技能层面，工程管理工作最终的着眼点还是管理，工程管理人才的主要工作内容还是实现项目目标；对项目各阶段进行规划；组织项目团队、协调人才安排；进行项目决策；控制项目的时间、费用和进度；以及对各项目干系人沟通项目相关信息、解决冲突等。这些都是管理方面的技能。

对比罗伯特·李·卡茨的管理技术、人际和概念技能理论，我们认为，在大型工程项目中，对不同层次工程科技人才的素质要求是不尽相同的。这是因为，各层次工程科技人才工作内容的侧重点是不同的，对于低层工程科技人才来说，更多的是面对技术管理、致力于如何在各个关键点上利用先进的技术创造出更高的生产效率；而对高层工程科技人才来说，则更多面对整个组织层面的管理，致力于如何在整个项目范围内协调和组织资源，实现整体最优化。而中层工程科技人才的工作重点则居于前二者之中。结合上面提到的三个层面的素质，不同层次工程科技人才的素质结构如图 4.3 所示。

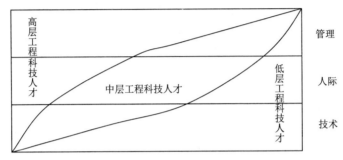

图 4.3　工程科技人才素质模型图

需要指出的是，在大型工程项目中，这三类工程科技人才的重要性都是不容忽视的。低层工程科技人才是工程基础，是工程项目实施的中坚力量；中层工程科技人才是项目运行中横、纵向发现问题和协商问题的重要来源；而高层工程科技人才则是整个工程项目的灵魂所在。只有各个领域的工程科技人才各安其职、各尽其职，才能保证工程项目的成功运作。而本书我们所讨论的高等工程科技人才大多集中于中层及高层工程科技人才，因此如何在技术素质、人际素质和管理素质中取得协调也是我们所关注的重点。

（二）"中国制造 2025"的"工"型工程科技人才的要求

未来的 5～15 年是传统的工业化与新兴工业化相互交替、工业化时代与信息划时代互相交织、工业化与信息化深度融合的"三期叠加"时期[2]。我国"中国制造 2025"的提出也是为了应对新工业革命的挑战，力图抢占制造业发展的先机。我国是制造业大国，但是制造业的关键生产技术仍主要依靠国外。自主研发水平较弱，研发投入资金较少，缺少自主知识产权的高新技术，同样也缺乏世界一流的研发资源和技术知识等，因此当前现状对我国培养"中国制造 2025"背景下的工程科技人才有了新的素质要求。从一般能力来讲，"工"型工程科技人才除去需要具备一般的管理技能、专业相关的技术技能和部分个人能力外，还需要具备以下能力。

1. 知识结构

合理的知识结构是具有理性和最优化的知识体系，既有深厚的专业知识和知识面，同时也能满足职业发展的实际需要，它具有完整性和适应性。所谓整体性，是指构成知识结构的所有要素都应该具有聚合性、层次性和关联性。适应性需要个体知识结构的动态性，即不断调整知识结构的组成部分[3]。工程科技人才的知识结构强调"厚基础"和"宽口径"。厚基础，并不仅仅要求工程科技人才掌握基本的一般性知识，或掌握很窄的专业面，而是要求具有工程管理、工程科技等各方面的扎实的技术，这既有利于增强工程科技人才通过自学等途径习得新知识的能力，又有利于增强工程科技人才适应不同工程实践需要的能力。宽口径，就是工程科技人才可以适应不同的工程环境与工程规模。这是工程的特性对人才培养提出的要求。

2. 团队协作能力

现代工程科学越来越具有集成性、交叉性和复杂性等特点，目前的工程项目有着复杂化和多元化的发展趋势，对有组织的团队活动要求越来越高，"中国制造2025"背景下，对于项目产品的机理、材料、结构、工艺等方面都会产生或多或少的变革，这使产品的设计制造过程必须采用新的模式。以往依靠个人的经验来应对产品设计及项目发展的模型已经无法应对现有的需求。我们需要具有各方面理论知识和实践经验的工程科技人才进行协调，从而促进知识的共享、集成与转化。产品的设计与开发也不仅仅要有技术工程师的参与，同样还需要市场、法律、销售、财务等多方面人才的共同参与，只有这样才能研发出满足市场需要的产品。同样，单凭某一工程科技人才的个人专业知识已经无法应对产品的复杂，工程科技人才需要在项目团队中了解如何协调各方需求及利益以达到完成项目预定目标的目的。

作为高等工程科技人才，处理问题时应该综合考虑各方面因素，将项目作为一个整体系统看待，这样才可能实现整体最优化和协调的目标，而不应局限于自己的工作范围内的狭窄领域，过于计较局部得失。团队环境对工程科技人才的发展是至关重要的，有德才兼备的高水平学科带头人，具有知、能力、经验结构合理分配的团队和团队内公平合理的利益分配机制以及自由民主学术氛围都对工程人才的发展有着至关重要的影响。现代科学、技术与工程的发展经历了由个体化、社会化、规模化到工程化的过程，越来越要求协调可持续发展。人才的成长与团队发展之间有着明显的协同共享效应，这是一种集体涌现现象。

3. 自学能力

自学能力为不在任何人指导下，学生自己独立地、顺利而有效地获得和应用知识、技能，完成学习任务的一种能力。它包含了两个层面的含义：一是知识与技能的获得；二是知识与技能的应用。可见自学能力是一种综合能力，是理论与实践的结合体。这里我们所知的自学能力是其广义的含义，它不但包括对学校要求的课程知识的学习，也包括对工作后职业、社会等各种环境下的知识、技能的学习。自学能力的构成要素有：①获得知识的能力，包括独立阅读、识记、理解的能力，独立分析的能力，独立概括的能力；②用知识、技能的能力，包括举一反三的能力、综合应用的能力、创新创造的能力。它的核心在于思维，思维贯穿于自我学习的全过程，需要人才在进行知识获取与习得过程中不断进行反思与评价。

无论是我们讨论的信息技术行业、能源相关行业、航空航天行业还是"中国制造2025"中提及的其他行业，都是涉及了多学科融合的行业，物理、化学、生物、电子、计算机、建筑等多学科的交叉在工程领域越来越明显，而各个学科的融合和专业涉猎范围的扩大也是大势所趋。互联网的应用、大数据的提出与热潮、物联网的发展、建筑信息模型的广泛推崇和使用、人工智能（artificial intelligence，AI）技术的实行等无不为工程科技人才带来新的挑战。对于工程科技人才，尤其是已经从业的工程科技人才来说，这些新技术的应用是他们在高等教育阶段所没有接触甚至完全陌生的，因此作为工程科技人才，必须具备自主学习的能力，学习掌握新兴技术，并且将这些技术应用于工程领域的创新实践中去。

"中国制造2025"开启了我国新工业化变革，这就要求适应高水平科技发展的高素质技能人才升级发展为技术人员或者技能科研人员，因为他们将处于制造业的核心环节。因为工作内容的变化，工程科技人员需要接触更多的新设备与新技术，并且要求他们可以准确地应用相关技术技能，甚至从事服务化的工作，高效处理客户的需求，逐渐立足于新兴的服务性职业。以上无不需要我们的工程科技人才具备自学能力，掌握新兴技术甚至是销售营销等跨学科技能。

4. 国际视野

我们正在应对新工业革命的挑战，世界各国抓住制造业快速发展和转型升级这一战略机遇各自提出了加快制造业发展的国家战略计划，我国也提出了"中国制造 2025"。因此，我们迫切需要培养通晓国际规则、国际标准，具有国际技术水平且适应跨文化流动的国际化工程科技人才。以国际工程合同运作为例，目前国际知名工程施工合同范本包括国际咨询工程师联合会（Fédération Internationale Des Ingénieurs Conseils，FIDIC）条款、美国国际会计师公会（The Association of International Accountants，AIA）施工合同范本等，但专业的国际合同管理人士却寥寥无几。倘若采用国内项目的管理模式去运作国外项目，会为项目的管理带来很大的难题。当工程涉及变更、工期延误、索赔等一系列事件时，管理人员熟悉国际合同与工程运作尤为重要。

5. 职业道德

职业道德指的是与职业活动密切相关的行为道德。它不仅是职业活动中职业行为的要求，也是这项职业对社会所必须承担的责任和义务。对比国内外人才培养目标可以看到，相对于发达国家研究型大学注重培养"人"，我国研究型大学在工程伦理的教育方面有所欠缺。虽然是一字之差，但是办学理念有了很大的不同。国外的研究型大学更注重培养的是能适应社会变化的、有较好修养的、有对社会及伦理的分析判断能力、能独立思考、独立研究和工作的人；而我国研究型大学更倾向于应用型的职业需要人才。

"中国制造 2025"的基本方针中，"质量为先，绿色发展"的提出也强调了制造业发展过程中的"责任感"。2015 年，大众汽车的排放门事件对我们工程领域的"职业责任感"敲响了警钟，工程科技人才应时刻将职业道德铭记于心，企业想要在行业内立足也必须用品牌和质量说话，大众排放门事件的后果就是导致大众的品牌价值在市场内遭受了严重的打击。在当今的市场环境下，中国企业要想面向国际市场参与国际竞争，就必须确保人才具备职业道德和工程伦理观念，高校需培养学生树立良好的职业道德素质，并且具备环保意识和可持续发展意识，注意节约型、环保型发展，构建以人为本的和谐社会。

6. 专业素质

工程科技人才的专业素质是指专业理论及相关知识，并运用这些知识解决实际问题的技能，从而内化获得的专业知识和专业能力，进而获得一种相对稳定的、能较出色地从事专业工作的品质。专业素质结构可分为四个基本组成部分：知识、技术、能力和态度。专业素质是支撑工程科技人员从事专业活动的基石，同样也是区别不同领域工程科技人员及反映工程科技人员水平高低的关键所在。工程科技人员通过专业教育习得专业知识，而后通过实践将专业知识转化为能力素养。

7. 社会适应能力

社会适应能力是指人为了在社会更好生存而进行的心理上、生理上及行为上的各种适应性的改变，与社会达到和谐状态的一种执行适应能力。社会适应能力一方面包括工程科技人才适应社会大环境，通过社会交往与周围个体、组织进行交流并且建立关系的能力；另一方面也包括适应职业环境，能以较为舒适的心理状态在从事职业工作，并且较好地执行职业任务的能力。

8. 创新能力

提升创新能力是工程科技人才培养的关键。创新能力在工程科技人才的评价体系中表现为创新精神及创新成效。工程科技创新，首先必须有提出、发现和形成问题的能力。在从事设计或分析研究时，要善于发现任何存在的问题，认真分析，系统总结，形成完整的主题。这些问题往往会成为新的创新突破点。

工程把科学发现、技术发明和产业发展联系在了一起，对产业革命、经济发展和社会进步产生了强大的影响。工程创新是"中国制造2025"的关键性环节，是创新活动的主战场。我们认为工程具有系统性、复杂性、集成性和组织性的特点，因此工程追求的是对所采用的各类技术和对各类资源的组织协调过程的集成优化。工程的集成创新具体表现在两个方面：第一个方面是技术要素方面，工程创新需要交叉学科及各领域技术进行选择与集成优化；第二个方面是要在工程创新活动中，在一定边界条件下，对经济要素、社会因素、管理因素的优化与集成。

在科学技术活动的不同环节，对创新素质的要求不一样，总体来说对从事设计和系统的人员的创新能力要求要高于从事生产性活动的技术人员。既要营造有利于创新能力成长的环境和氛围，促进创新人才的发展成长，也要重视杰出创新人才的选拔、培养和造就。正如徐冠华院士所说：当今国际竞争归根到底是人才的竞争，其核心是顶尖人才的竞争。事实上，一个研究所或者高科技企业都有一个代理开发团队。我们不能要求，也没有必要要求这个团队中所有的人都是顶尖人才，但是这个团队中必须有一个、两个或者三个顶尖人才，包括科技人才和管理人才。在国际竞争中，决定这个团队地位的往往是这一两个顶级人才的水平。钱学森院士指出："现在中国没有完全发展起来，一个重要原因是没有一所大学能够按照培养科学技术发明创造人才的模式去办学，没有自己独特的创新的东西，老是'冒'不出杰出人才。这是很大的问题。"可见培养创新人才的重要性。

竞争的环境促使工程科技人才必须具有创新精神，限制条件下创新和基本上不受约束的原始创新一样困难。工程科技人才的创新素质主要体现在取舍和优化本领。同时要有扎实的基础知识，并且对本专业及相关专业的领域前沿问题有较深入的了解。要具有敏锐的观察力，能够从源头上找出重大问题，准确把握科技发展的趋势。要有严谨的科学思维能力，对事物进行系统全面的分析和准确的判断，勇于创新并且善于创新。

9. 实践能力

实践能力是指有目的地改变自然和社会客体的能力，即在理论知识的指导下应用于实际的能力。学生要进入工程科技领域，必须通过工程实践将专业理论知识通过实践内化为可应用的专业技能。运营岗位素质中的运营技能的熟练程度、运营工作错误率、运营业务完成率、部门业绩提高率等都是实践能力的具体体现。

实践能力是运用知识、技能解决实际问题的能力，主体参与式的活动是实践能力形成的本源。值得注意的是，实践能力不是由书本传授而得到的，是由生活经验和实践活动练习得到的。国际竞争的根本是人才的竞争，是核心创造力的竞争，大学生工程实践能力的培养关系到国家自主创新和未来的竞争力。而素质教育正是以创新精神和实践能力为重点。

对于工程类专业来说，需要学习各个方面的专业知识，它们的难度并不相同，这就要求我们在理论研究的基础上具有一定的实践能力，掌握专业知识，为新设备、新技术的应用提供强大的动力。如"中国制造 2025"战略中所讲，我们需要将先进设备及技术应用到信息技术、新能源、航空航天等领域，这就对相关领域的工程科技人员提出了更高的实践要求。此外，企业作为营利场所不可能让员工以熟练为目的对高技术、高造价设备进行频繁操作，因此实践能力强的工程科技人员可以以较快的速度投入生产，这样也可以有效减少企业的培训成本和生产风险。

10. 整合能力

整合能力，就是指工程科技人才整合人力、经济和时间资源的能力。整合能力涉及识别、整合、协调等多个层次，是企业对资源的优化配置再利用。对于工程项目来说，如今工程越来越趋于复杂化及大型化，对于工程科技人员，尤其是开始接触管理类工作的工程管理领域人员，整合能力对于其工程的协调与管理，确保工程的正常运作尤为重要。

以建筑业为例，如今第一代从业人员已"高龄化"严重，而第二代的知识结构已落伍，表现出了对新经济状态的不适应性，具有综合实力的复合型建筑人才在市场上仍处于抢手阶段。尽管近年来中国建筑业人才聚集，然而比照我国国际化的高速发展，具有扎实的专业功底、宽泛而合理的知识结构、独立的设计能力及项目管理能力的专业复合型人才仍显不足。如何使我国工程科技人才整合能力得以提升是亟待我国教育研究领域认识和解决的问题。

11. 竞争能力

工程科技人才作为建设国家的骨干，只有具备国内与国际竞争能力才能找准自己的定位，发挥自己的最大效用。同样，竞争能力也包括识别企业核心竞争力的能力，作为工程科技人才，同样需要有长远的企业发展眼光，能对企业内部具有竞争力的资源及项目进行识别，帮助企业在行业的市场竞争中处于不败之地。此类能力属于管理整合类能力范畴，在管理岗位素质中的决策能力、执行能力、应变能力、人才培养能力等都是管理类能力的表现。

三、"工"型工程科技人才成长的阶段性特征

由于工程科技人才的先天素质、教育背景、成长环境等存在一定的共性，他们的成长过程存在着一般的发展阶段和一些共同的特征。美国心理学家埃里克森、梅尔将人生的发展阶段分为了婴儿期、儿童早期、游戏期、学龄期、青春期、成年早期、成年期和老年期。人才成长的过程也如同个体成长一样，是从"不成熟"到"成熟"的过程。

人才的成长是一个持续的过程，同样也具有阶段性，可以分为三个阶段——基础与高等教育阶段、社会阶段和后续教育阶段。因此我们可以将"工"型人才的成长看作其各方面能力、素质逐渐成熟的过程，根据产出性原则对成长变化规律进行分析。

如图 4.4 所示，工程科技人才的发展从刚进入大学的起动点开始，此时虽然工程科技人才的能力、素质不足，但是是其成长加速度最大的时期；而后工程科技人才在毕业后到达飞跃点，此时是他产出能力增加率的峰值时期，一般此时是进入企业后的五年左右，而后人才的产出增长率开始下降，但工程科技人才的创造力仍在增长，此部分为我们俗称的创新创造阶段；而后工程科技人才到达鼎盛点，创造力最为强盛但产出增长力为零，即以此为分界线，他们的输出能力开始下降。工程科技人才的成长总体呈现出阶段性特征，由于人才普遍从高等教育阶段开始接触工程领域相关内容，"工"型工程科技人才培养的讨论也将从高等教育阶段，即图 4.4 的起飞点开始讨论。

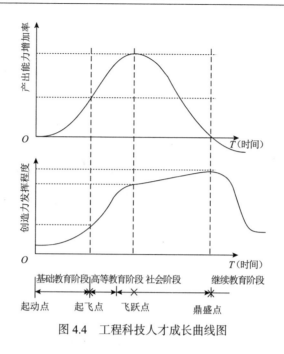

图 4.4 工程科技人才成长曲线图

第二节 基础与高等教育阶段"工"型工程 科技人才成长规律

要讨论国内工程科技人才培养的成长规律，首先要深刻认识国内工程科技人才成才的环境，即国内的教育环境现状。工程科技人才在校期间主要分为基础教育和高等教育两个阶段。即本科之前的适龄教育及本科、研究生期间的以就业为出发点的分专业教育。

一、基础教育阶段

现代意义上的基础教育属于国民教育制度中的奠基性阶段，它最早起源于古希腊的博雅教育，从本质上讲，我们所谈的基础教育就是素质教育，这一阶段对人才的发展有着非常重要的作用。对基础教育培养目标的定位，体现着人们对基础教育的本质及其功能的认知水平，它将对基础教育的实践和高等教育的发展产生深远的影响。总体而言，基础教育的直接使命就是为培养未来社会公民服务，为各行业人才的终生学习奠定基础，使人掌握基本的学习技巧、生存技能及生存本领，因此基础教育期间人才培养的重点也集中于培养人才的横向基础一般能力。

说到基础教育就不得不提体制比较完善的美国中小学教育，对美国基础教育进行思考，也助于理解人才培养在此阶段的重点所在。总体而言，美国中小学教育受杜威的教育思想影响比较大，杜威认为，教育的目的不是让学生培养一种智能，而是让学生得到全面发展，让每个学生充分发挥自己的潜能；教育不是为了让学生以后过上最好的生活，教育本身就是一种生活。因此，美国基础教育的长处即力求让每个学生的能力得到最大程度的发挥，潜能得到充分发掘，提倡因材施教，"面向全体学生，使学生得到全面发展"。同样，对学生潜力进行发掘，一方面可帮助学习发掘其感兴趣的领域，尽早对自己将来的职业进行思考，完成基础教育到高等教育的过渡；另一方面通过多领域探索也可多方面培养学生的能力，达到横向一般能力拓展的效果。

相对于美国的基础教育，由于国内高考压力仍在，国内基础教育阶段的应试教育倾向仍然比较严重。课程设置有追求"大而全"的倾向。从本质上讲，这一阶段的教育最大的特性就是"基础性"，即为学生的身心成长、知识技能等各方面打好基础。其中不仅包括了科学文化基础，还包括思想道德等，是科技人才培养的"起跑线"。

学生的团队协作能力及自学能力基本在此阶段已经开始逐步培养。以自学能力为例，如今各学校在基础教育阶段已开始通过设立阅读角、活动课、自习课等课程和活动，通过培养学生的独立观察、独立阅读、独立实验实习等能力以培养学生的自我学习能力，养成自我学习的习惯并掌握方法，开发自我学习的潜能以增强其自觉性，增强自学信心等。

同样，此阶段中小学也开始尝试以小组活动为主体的教学活动，强调小组成员间的合作呼吁，致力于学生的合作学习的能力，并且力图提供协作的学习环境，以锻炼学生的团队协作能力，培养团队中的责任感与领导意识。

总体来讲，此阶段的人才培养由于是基础阶段，相对于专业知识的教授，更倾向于授予基础学科的知识作为以后专业知识学习的基石。更多地，此阶段重在培养和发掘学生的综合能力及特殊潜力，因此此阶段的人才培养主要培养了部分的横向一般能力，对于专业能力部分尚未涉及。但也正因为此部分的基础性，此阶段的教育质量成为拉开人才素质差距的关键因素之一。

二、高等教育阶段

高等教育是培养高层次专业人才的一项社会活动，以培养具有实践能力和创新精神的高等人才为目标。高等教育阶段是工程科技人才了解和掌握专业知识的重要阶段，在此阶段，他们不仅会对直接架构有详尽的了解并且开始从事一定的设计和实践工作，还会接受一定的职业素质教育，学习工程伦理学相关内容。

高等教育阶段的人才培养目标和人才培养方式直接影响了高等工程人才日后的成长与发展轨迹。就我国教育体制而言，我国 20 世纪 70 年代前后的高等工程人才教育轨迹发生了翻天覆地的变化，因此他们的人才培养过程也有较大的区别性。

中国高等教育体制形成于 20 世纪 50 年代初，实行的是"以俄为师"的高等教育改革。这一阶段的中国高等教育是计划经济的产物，政府批准设置专业、规定开设的课程，且毕业后由政府统一分配。在此阶段，国内的高等教育强调的是为国家建设服务的"专业教育"。把培养有用的专业人才，尤其是对当时国家发展有极大促进作用的工程技术方面的人才作为高等教育的目标。因此，在此类教育背景下，工程科技人才作为教育的核心领域相对其他专业可获取的资源更多，也有了较为快速的成长。由于实行的是专才教育，在校期间就已对学生的实践能力及专业知识进行了较为深入的指导与教授，因此学生毕业后基本可直接进入工作环境。此阶段的高等教育培养出的工程科技人才如今基本已进入退休年龄。

从 20 世纪 90 年代开始，我国开始了中国高等教育体制改革，强调学校面向社会实行自主办学，适应社会主义市场经济的发展，中国高等教育由专才教育转为通才教育。如今，随着教育改革的深化，学科和专业不断进行结构调整，以培养适应知识经济需要，推动知识、经济、社会发展的创新人才。加入世界贸易组织后，中国的高等教育更迅速、更直接、更全面地面临着国际竞争的挑战，培养具有双语教学能力、熟悉国际法则、懂外语又学有专长的管理人才、谈判人才、旅游业人才、信息业人才等成为高等教育的重点。在全球化的环境下，市场对工程人才有了更加广泛的需求，通才教育贯穿了高等教育的全过程。

此阶段大脑记忆力、判断力、反应力都达到了峰值，可大量学习和涉猎广泛的知识。这一阶段是科技人才素质积累期，为工程科技人员的成才奠定了基础，是不可逾越且极其重要的阶段。

但是相对来讲，这个阶段人们的精力充沛但心理状态并不稳定，这个阶段他们往往对新事物反应敏感，容易投入也容易盲动，对自己的职业目标尚不太明确，但有极大的投入热情，同样有很大的科技潜力，有很强的可塑性。他们积极且乐于广泛汲取多方面的知识。这一阶段的培养可以说是他们个人通向成才之路的决定性因素。此外，这一阶段是主要学习理论知识和科技技能的时期。科技人才在这一阶段虽然缺乏社会经验，但是他们并非头脑一片空白，此时他们已经对周围环境有了初步的认知并且对自己有了一定的认识与定位。因此，此阶段需要外界因素介入，对其成长和培养的路径进行指导。

首先，此阶段重在构建学生对其专业领域的知识结构。高等教育阶段作为工程科技人才进入工作岗位之前的最后教育阶段，必然要承担起学生身份向工作者身份的过渡期引领者的作用。在此阶段广泛且相对深入的专业学习是其教学的首要目标，因此构建相对完整的知识结构体系将主要在高等教育阶段进行。

此外，培养国际视野也是高校的使命之一。在国际视野的培养中，重在转变学生的思维方式。职业道德同样也应在高等教育阶段进行传授。职业道德教育是学生道德认知的过程，让学生将职业道德转化为自身的素养。中国的传统教育就是学校传授学生知识，进而学生才会学会各类知识，职业道德教育也是如此，学生自身很难对工程职业道德有个相对清晰的概念。国内培养工程科技人才主要就在高校，高校不单是传授专业知识的机构，更加是学生自身素质的启蒙机构，是职业道德教育的首要责任者。只有高校系统都进行工程领域的职业教育，学生才能真正了解到职业道德的重要性。

同时此阶段也重在培养人才的社会适应能力、职业适应能力、社会生活适应能力及心理适应能力。此时工程科技人才即将从高等教育阶段毕业脱离家庭和学校的依附，步入学校社会。此外，此时他们的社会个体和群体生活背景发生变化，提早培养社会适应能力可以增加工程科技人才的社会认同感。

如上所述，高等教育阶段基本还是重在拓宽工程科技人才的横向一般能力。

因此，在教育背景下，各院校通过采取学科交叉、开设选修课、认识实习、企业交流、产学研合作等方式大量拓展工程领域学生的一般能力。正如我们前文所提到，"中国制造2025"背景下的工程科技人才的横向一般能力包括人际技能、概念技能、专业技能、团队协作能力、自学能力、国际视野、职业道德。这些都需要通过高等院校的培养对学生进行启蒙教育及深化教育。在此阶段，学生大量汲取专业相关知识，并初步接触认识实习，将专业知识转化为实践经验知识，因此在图4.4中，高等教育伊始称为"起飞点"，其间为工程科技人才能力成长最快阶段。

如今，高等教育越发朝着多样化发展，开始了从单一结构向多种结构演化。此部分可以完善企业工程教育体系，有条件的可以按照跨国公司企业大学的模式、多数企业可以采取与高校合作的方式举办继续工程教育，并在培养目标、课程设置和教学内容各方面按照正规化的要求管理。同时，充分利用现代化教学技术，如远程教育等手段建立开放式的继续工程教育体系。

第三节　社会阶段"工"型工程科技人才成长规律

高等教育和后续教育在工程科技人才的培养中均占有重要地位。但是，工程领域具有其学科的特殊性，工程类学科更多的是实践指导理论的形成与发展，其对工程经验有着极高的要求。后续教育能在实践中提高人才的素质和技术能力，开发人才的潜力和创造力，特别是工程经验，工程科技人才必须大量参与工程实践活动才能积累。在工程领域，一般以5年工作经验作为工程科技人才成才的分水岭，据此可将社会教育教育分为社会适应阶段及创新创造阶段。

一、社会适应阶段

进入社会阶段，即工程科技人才进入工作岗位。由于国内现今高等教育阶段主要施行的是通才教育，其在专业知识传授及知识与实践经验转化方面并不完善。因此，人才在入职前期必须有培训的过程去适应工程科技人才的职业角色。在前 5 年，如同高等教育阶段，工程科技人才主要是了解世界，这是继承、研究和积累前人留下的成果阶段。这一阶段与美国的企业培训与较大的相似之处。这一阶段对于很多从业者来说都是最愉快的阶段，这也可能说明了为什么很多工程技术人员不愿意被转去做主管和经理的工作。在这个职业生涯的初始阶段，工程科技人才所从事的工作大都与其教育和培训的背景相关，主要是将高等院校习得的理论知识应用到实践当中，结合一些技术手段来解决问题，这些都是在工程学校里所学到的基础理论和知识。所不同的是，这些理论知识的应用通常只局限在一个很专业的领域之内。这些工作通常是在有经验的工程技术人员的指导下完成的，对于新的工程技术人员而言这是一个获得快速进步的阶段。这一阶段的最大特点就是属于纯粹的技术阶段。

这一阶段，工程科技人才了解社会环境、学习技能、与社会正式接触，也是了解学习理论的 "磨合期"。在这一阶段，工程科技人才反思知识理论与应用之间的关系，在社会经验的磨合下，他们调整知识、信念、态度和行为来克服社会工作的不适应。这种不适应表现在两个方面：一是充当的社会角色发生了变化之后，学生时代的思想方式、行为方式和生活方式一时之间难以适应新的社会环境和工作环境；二是当我们的劳动工作真的需要按照社会需求和社会标准进行创造后，发现原来掌握的专业知识并不够用，且没能将专业知识转化为实践能力。因此，产生了深化专业能力的欲望和需求。

这一阶段是工程科技人才成长的一个关键期，在此阶段，工程科技人才逐步深化其专业能力，并且开始培养其工作经验。工程科技人才的职业定位趋向明朗，"工"型人才进入深化专业知识阶段，通过"师承效应"，跟随有经验的老师傅学习工程技术经验，或者通过"群落效应"，参与工程项目小组。同样不忘后续教育学习，通过企业组织的培训或者参加高等院校的专业课程及再深造在职的学历以达到更新知识，深化专业深度的目的。

在社会适应阶段，专业素质的提升是此阶段高等工程人才培养的重点。通过工作实习，工程人才专业知识的深度和广度得以拓展，全方位搭建起稳定知识的构架。

实践能力培养也是现阶段的能力培养内容。如今，将书本教学转化为实际应用并且有效产出的能力已经成为衡量工程科技人才综合素质的核心。大学生毕业后频繁跳槽的一个重要原因是缺少对社会的了解和自我定位，如果能够尽早根据人生目标和市场需求找准自己的职业定向，那会更有针对性地选择职业。

因此，我们认为工程科技人才毕业后工作前 5 年是深化纵向专业知识的关键时期，通过工作实习、经验获得及参加培训等后续教育方式深化专业知识。

二、创新创造阶段

而后工程科技人才进入了创造期，创造期是人才创造力最佳年龄区。从研究应用各种技术方法来解决问题转向参与管理问题的解决过程。这需要具有整体性、全局性的观点及相关的知识。对于很多工程技术人员来讲，这是一个艰难的转变，但大多数人也会发现，经过痛苦的过程转变成功后，会有很多意想不到的收获。在这一阶段，工程技术人员需要开始掌握工程管理技能。他们开始参与各种大型项目及复杂设计工程，这些都需要具备跨学科的能力。在这一阶段，工程技术人员开始发现，事业的成功不仅依赖于专业技术水平的高低，还需要依赖很多其他因素，如组织能力、处理人际关系的能力等。要想在这一阶段获得持续发展，就必须掌握诸如项目管理基本技能、人际关系处理能力、沟通协调能力、财务及市场等其他学科的知识等。

此阶段着重培养创新能力。从心理学角度出发，30 岁前后是人才个体最具创造能力的时期。经过 5 年的生产实践，人才个体已具备完成工作所需的专业知识并且能较好地从事专业性工作。因此，在此阶段，为实现工程人才个体的进一步发展，工程科技人才在已有的工程应用中发现新的工程问题，并根据自己实践经验，结合专业知识、综合素质、行业背景等研究开发新的产品及技术，此时，在高等教育阶段所广泛涉猎的多元知识发挥了作用，其是工程科技人才的基础，也是工程科技人才专业领域外的深化。并且可以为工程的发展提供新的思路。此时应继续从事后续教育，一方面加深专业知识和专业认知；另一方面对过往的经验和知识技能进行巩固与更新，培养终身学习的理念。"工"型人才架构逐步得到完善。

第四节 后续教育阶段"工"型工程科技人才成长规律

当工程科技人才掌握大量的专业知识及从业经验,并具备充足的创新创造能力后,通常会通过职位晋升深入中层或高层管理职位。如图4.3所示,高层工程科技人才对其管理类技能有更高的需求,此时工程科技人才掌握的纵向专业知识及横向一般能力已不足以满足其工作需求。并且现代科技迅猛发展,使得原来的工业部门许多的学科不断改组、淘汰,新兴工业部门和边缘学科、交叉学科、综合学科不断涌现。工程科技人才原来在高等教育阶段所学已不能满足现在工作的需要。比如,20世纪八九十年代的大学毕业生对计算机知识掌握其少,且他们当时学习的软件已经过时,各专业与计算机的关系日益密切,如土木工程领域建筑信息模型概念提出,Revit等软件逐步成为工程实践时的趋势,但此类软件的教学至今还未在各高等院校得到普及。基于终身学习理念,通过后续教育更新专业知识、掌握管理等技能、培养整合能力是此阶段的重点。结合此阶段工程科技人才的职位设置,通常重在培养工程科技人才的整合能力及竞争能力,帮助其了解与掌握管理类知识。

科技创新的主战场在企业,企业同样也是科研成果转化为生产力的场所。工程科技人才在企业的继续成长是其创造力进一步提升的关键。工程科技人才的成长与其教育环境密不可分,现今,各高校投入了大量的人力、物力及学术教育用于优化工程科技人才高等教育阶段的培养体系与教育环境,可以说已经取得了一定的成果,但是高等教育阶段仅占人才培养阶段的1/5不到,后续教育阶段常常被工程科技人才,尤其是脱离了高校环境进入企业职业发展道路的工程人才所忽视。"工"型人才更多的是强调终身学习理念,"工"型工程科技人才必须通过梳理终身学习理念,参与后续教育以深化专业知识,以下我们将对如何通过继续教学深化"工"型人才纵向专业知识进行分析与探讨。

如今关于高等教育阶段培养人才的研究已日趋成熟,工程相关专业作为经验指导发展的学科,后续教育阶段的人才培养与高等工程教育阶段同样重要。然而由于后续教育阶段脱离了高等院校的全日制教育环境,教育普遍程度及教育质量很难得到保证。同样,"中国制造2025"的提出对工程科技人才有了新的需求,而已进入工作阶段的工程科技人才若不及时更新已有知识难以满足国家的需求。因此,改革后续教育体系对于培养"工"型工程科技人才,尤其是"中国制造2025"背景下的工程科技人才尤为重要。

一、后续教育阶段人才培养目标

当代科技的高速发展及全球经济一体化趋势,对工程科技人才的素质提出新的要求,由此决定后续教育阶段工程科技人才的培养目标是培养具有国际化视野、科学发展观,掌握国际合同运作和多方面复杂关系协调等能力,能够在工作中不断掌握现代科技和管理知识并在实践中勇于创新的人才。这一目标同时也决定了工程科技人才必须注重终身学习、持续学习和全面学习能力的提升。

二、后续教育阶段人才培养特点

(1)实用性和先进性相结合。随着知识更新和工程技术的快速发展,符合"中国制造2025"的工程科技人才的素质结构已经由单纯的实用性向实用性和先进性的结合转变。

(2)注重综合素质的培养。制造相关类企业注重培养人才的综合素质,对相关领域"工"型工程科技人才的培养逐渐由单纯技能、技术性向综合广泛性转变。

(3)持续性培养。制造类企业正在从任务型企业向学习型企业转变,"终身教育""终身学习"的理念已为大多数人才所接受。

(4)培养方式多样化。与主动学习、终身教育相适应,"工"型工程科技人才的培养方式也趋向多样化。

(5)激励与约束相结合。为鼓励人才成长,制造相关类企业已形成培训、考核与使用、待遇相结合的一体化激励约束机制。

三、后续教育阶段人才培养机制

要适应未来发展的需要,制造业相关企业需要构建完善的、适应时代发展的人才培养体制，建立健全各项人才管理制度在企业内部形成分层次、分类别、多渠道、多形式、重实践、重实效的教育培训格局，把人才的培养纳入企业发展规划，营造具有企业特色的良好人才培养环境。

后续教育阶段人才培养机制的建立应遵循以下四项基本原则。

（1）能力为先。后续教育阶段所要求的能力是岗位能力，包括解决实际问题的能力、分析判断能力、技术创新能力等。

（2）技术为主。指在一定的科学理论基础之上，满足新材料、新设备、新方法、新工艺等特征要求的，具有一定的复合性和集成化特点的技术。

（3）应用为本。能力的发挥、技术的转化不全取决于人的自身因素，而是有赖于工程科技人才素质的提高。

（4）创新为重。应注重工程科技人才创新意识、创新思维、创新能力、创新知识及创新素质的培养。

四、后续教育阶段人才培养模式

后续教育阶段工程科技人才的培养主要包括以下几种模式。

模式一，"请进来"。加强工程相关企业与相关专业高校、科研院所的联系及合作，将最前沿的学术信息和先进的技术带到企业中去。

模式二，"走出去"。将工程科技人才送去相关教育培训机构、高校、科研院所进修，通过接受系统、正规的教育，使之积累更丰富的知识，进一步提高创新能力和工作技能，从根本上提高企业的科技实力和竞争力。

模式三，建设学习型企业。鼓励"工"型工程科技人才通过"学习—实践—再学习"的方式，培养自学能力，使之养成终身学习的习惯。

模式四，开展国际技术合作和专业培训。通过开展海外调研与技术考察培训、举办国际合作论坛等方式对"中国制造2025"相关专业的工程科技人才进行知识更新。

工程科技人才培养要适应未来发展的需要，构建完善的人才培养体制，离不开高校和科研院所的鼎力支持。高等教育和后续教育是两个相互独立但又紧密联系的系统，加强高校与企业间的人才交流和技术沟通，进一步完善现有产学研合作教育体制，是中国制造业实现跨越式发展、完成新型工业化变革的根本保障。在市场经济的条件下，充分认识到对方在自身发展过程中所起的作用，建立牢固的互惠共生观念，从而形成真正的产学研共生体，增加两者之间的利益趋同点，达到多赢的目的，真正培养出满足社会需求，适应"中国制造 2025"背景的"工"型工程科技人才。

本 章 小 结

本章借鉴了"T"型人才模型，提出符合工程科技人才发展的"工"型人才成长结构，并且参照"中国制造 2025"结构，提出了"中国制造 2025"背景下的"工"型工程科技人才模型，将知识结构、自学能力、国际视野、团队协作能力、职业道德、实践能力、专业素质、创新能力、社会适应能力、整合能力、竞争能力的培养考虑进模型之中。由于工程科技人才的培养具有阶段性特征，本章就基础与高等教育阶段、社会阶段及后续教育阶段对工程教育人才的教育进行讨论。工程科技人才的培养，应先行在基础与高等教育阶段对横向一般能力进行培养，而后在社会阶段着重深化人才的专业能力，在后续教育阶段就集成整合能力进行深化，从而达成培养完整的"工"型工程科技人才的目的。

参 考 文 献

[1] 赵卫东, 吴海峰. T 型人才培养模式在商务智能课程中的应用[J]. 计算机教育, 2010, (22): 14-18.
[2] 张磊, 张弛. "中国制造 2025"视域下技能人才职业流向及职业能力框架[J]. 职教论坛, 2016, (10): 17-21.
[3] 陈艾华. 创新型工程科技人才的特征与培养途径[J]. 高等工程教育研究, 2008, (S2): 9-13.

第五章　工程科技人才培养研究

首先，本章重点从国内外工程科技人才的培养的现状、培养特点、培养目标、高等教育教学和培养机构等方面分析国外先进的工程科技人才培养模式；其次，通过硅谷的企业科技人才培养案例，进一步总结了工程科技人才培养的实际经验；最后，通过总结国外对工程科技人才培养的经验，给我国工程科技人才培养提供启示。

第一节　我国工程科技人才培养的现状

一、我国高等工程科技人才培养的历史沿革

我国在培养高等工程科技人才方面经历了三个重要历史阶段。

（一）近代——走出国门，师夷长技以制夷

回顾我国的历史，我国古代科技人才对工程科技发展作出了重要贡献。但是，封建时代的科技人才主要依靠在实践中成长，靠师傅的言传身教，没有正规的工程科技教材和书籍，缺乏系统的工程科技知识教育体系。

1840 年鸦片战争后，清政府意识到科技的重要性，开始学习西方的先进技术，并于 1872 年 8 月 11 日，向美国派遣了由 30 人组成的中国第一批留学生。此后，又多次向不同国家派出留学生，尤其是在造船、铁路、建筑、机械制造等领域，这为当时培养了一批素质较高的工程科技人才。其中包括著名的铁路工程师詹天佑、飞机工程师冯如等。同时，晚清的上层统治者在国内掀起了一阵兴办洋务热

潮，兴办工厂和矿山、修铁路、办电报、办学堂等。1896 年创建于上海的南洋公学，是国内建立最早的高等学府之一。1921 年定名为交通大学，1906 年开办工程教育，1908 年首建电机学科。这对促进当时企业走向现代化和培养工程科技人才起到了一定作用。

（二）现代——学成回国，致力于国家科技工程事业

从师夷长技以制夷的历史背景下，大批中国青年去欧美等国家或地区求学，但国内经济发展状况滞后于国外，阻挠了这一阶段的中国留学生毕业之后回国。有一批爱国知识青年（如地质学家李四光、桥梁专家茅以升，以及火箭、核能方面专家钱学森、赵忠尧、邓稼先等）都在这一时期从国外留学后回国为祖国的工程科技事业作贡献。

（三）当代——系统学习，学干结合，造就了一大批工程科技人才

当代，中国已经成为仅次于美国的第二大经济体，同时也号称"世界工厂"。目前，中国建立了与自身发展状况相符合的工程学科体系，几乎涵盖了所有的工程学科专业。当前中国设有工科专业的大专院校就有 1000 多所，培养了一批又一批的工科毕业生。统计资料显示，仅 2014 年我国工科在校本科生人数达 512 万，研究生人数达 66 万。经过大学系统的学习，毕业生打下了较为深厚的理论功底，经过工作岗位上的实践锻炼，造就了数以百万计的工程科技人才，我国从事科技活动的人数在不断地增长，并且已经逐步向企业流动。企业逐渐成为接收和培养工程科技人才的重要基地，这能更好地发挥工程科技人才的项目实践能力，从而更好地将专业知识投入到实际的生产力中。此外，我国在经历跨越式发展的阶段，规模庞大的重点工程项目较多，如三峡工程、青藏铁路、高速铁路及航空航天工程为我国培养了一大批高素质的工程科技人才。

二、我国高等教育培养模式

人才的教育理念与方式往往与国家的发展阶段联系得比较紧密，纵观我国工

程科技人才的培养历程，可以将我国工程科技人才培养模式分为三种模式。

（一）工程教育培养

20世纪末，我国的高等教育由苏联模式转向美国模式，苏联模式属于专业技术型，美国模式属于研究导向型，这一部分将在后续第二部分重点阐述。结合我国自身的教育背景，技术交叉创新、新产品开发和工程管理与经营等三种模式也逐渐兴起，三种模式皆是在理论的基础上重视技术实践，再分别结合新技术在本专业的应用、创新设计和创业与市场能力三种方法而生的。

（二）产学研结合培养

随着经济的发展，产业结构的调整，我国社会所需求的人才素质要求已经发生变化。传统的单一强调专业技术的培养方式与企业的多样化、多层次化人才需求产生了矛盾。为此，在新的背景条件下，我国开始探索产学研联盟等工程科技人才培养模式。产学研工程科技人才培养模式即高校、研究院和企业三者之间签订协议，充分利用院校教学和社会实践这两个育人环境的协调结合，在教育体制、结构和方法上全面改革，从终身教育和大工程教育的观念出发，构建院校工程教育与继续工程教育有机结合、协调发展的现代工程教育体系[1]。

该体系注重工程科技人才的专业能力与实际的市场需求相结合，能够有效改善工程科技人才的综合能力与市场需求脱节这一结构性矛盾。

（三）实践锻炼培养

我国高等院校培养出来的毕业生只有在实践中将所学的理论知识、技术手段反复应用实践，才能对理论知识深化理解，才能深刻掌握工程科技人才所从事的相关领域的知识和能力，才能有效地提高自身各方面的能力和综合素质。参与工程项目越多，经验就越丰富，能力和水平也就越高。可见，工程实践是提升工程科技人才素质的源泉，也是检验人才的标准，可以说实践锻炼是工程科技人才成长的关键环节，也是我国培养工程科技人才的重要方式。

　　高等教育人才培养模式呈现出多样化和多层次化的发展特点，是长期发展和演进的结果。18世纪以前为以学者和职业人士培养为主的阶段，18～19世纪中叶为实用型人才培养模式的兴起阶段，19世纪初为研究型人才培养模式兴起阶段，第二次世界大战后为人才培养模式的多规格和多样化发展阶段，20世纪80年代以来为综合型培养和跨学科培养阶段。

　　工程科技人才教育是由专科、本科和研究生组成多层次结构。随着教育的普及，本科层次的培养逐渐成为工程科技人才队伍的主要来源。在学术水平较高和师资力量较为雄厚的教育部直属的高校主要培养博士学位和硕士学位的研究生。在工程科技人才培养目标方面，国内大学工程科技人才培养要求专业知识的掌握，能力要求比较抽象。

　　"培养模式比较落后"和"人才评价体制不科学"是我国工程科技人才的培养环境及机制和先进国家的主要差距。调查中工程科技相关从业人员对此问题的回答结果高度一致，详见表5.1。

表5.1　我国工程科技人才培养环境及机制和先进国家差距调查结果

项目	院士	院校	科研机构	工厂企业
有效问卷数/份	7	180	137	237
生产力转化机制不科学/%	42.86	47.22	56.20	48.95
人才评价体制不科学/%	57.14	61.67	61.31	57.38
社会地位与待遇偏低/%	28.57	50.56	43.80	62.03
课程教材脱离实际/%	42.86	45.00	40.88	48.10
课题或项目太少/%	14.29	39.44	13.14	27.85
培养模式比较落后/%	57.14	53.89	66.42	70.04
相应法规制度不健全/%	14.29	17.78	29.93	32.49
政府对于人才培养支持力度不够/%	42.86	30.56	28.47	35.02
其他/%	14.29	4.44	5.11	2.11

　　由表5.1可知，社会地位与待遇偏低、生产力转化机制不科学、课程教材脱离实际等因素也是我国与先进国家的差距所在。调查中，院士们倾向借鉴德国和美国的人才培养模式。

在专业应用能力方面，国内大学人才培养着重本专业的设计能力，设置很多如文献检索、计算、实验和制图等基本技能操作课程；而国外工程教育所强调的设计能力是对于具体工程科技问题的解决能力，如何运用所学知识，利用模型分析求解。同时要求具有在工程实践中初步掌握并使用各种技术、技能和现代化工程工具的能力。

在社会（职业）适应能力方面，目前国内各校的人才培养目标，理论性强、可操作性差，在工程师社会责任、职业道德和人际交流等方面针对性不强。而国外各种专业认证体系对培养目标要求比较具体，与课程体系有关联。

我国工程科技人才教育在培养模式上，多数是理论学习，实践锻炼机会较少。"文化大革命"结束后和20世纪90年代高校持续扩招，使我国工程科技人才队伍迅速发展壮大，但高校师资力量和教育资源则明显紧张。同时我国学生本科学习时间多数为四年，与发达国家的五年制相比缺少一年的学习时间，培养出的人才水平有所差距。虽然近几年全国高校广泛地开展了许多创新活动，但相对于其他国家系统地、有组织地进行此类活动，我国本科教育在创新实践能力的培养上还是远远不够。

在工程领域的调查中，在问及"我国工程科技人才培养的总体质量在世界各国中所处地位"时，院士的回答都是"中等水平"，而其他人士回答"中等"及"中等偏下"的比例均在七成以上；对我国培养的工程科技人才的创新性能力评价，在"一般"及以下的均超过八成；对工程实践能力的评价，选择项在"一般"及以下的比例也均超过六成，院士的选择率则达到100%。调查结果分别如表5.2～表5.4所示。

表 5.2 我国工程科技人才总体质量在世界各国中所处地位调查结果

类别	有效问卷/份	位于前列/%	中等偏上/%	中等水平/%	中等偏下/%	比较落后/%
院士	7	0	0	100	0	0
院校	178	3.37	20.79	54.49	19.66	1.69
科研机构	137	0	11.68	54.74	27.74	5.84
工厂企业	237	1.27	11.81	49.37	27.00	10.55

表 5.3　目前我国工程科技人才的创新性能力调查结果

类别	有效问卷/份	非常强/%	相对较强/%	一般/%	相对较差/%	非常差/%
院士	7	0	0	57.14	42.86	0
院校	178	4.50	13.50	53.50	27.30	1.20
科研机构	137	0.73	12.41	63.50	22.63	0.73
工厂企业	237	0.42	17.30	53.59	27.85	0.84

表 5.4　目前我国工程科技人才的工程实践能力调查结果

类别	有效问卷/份	非常强/%	相对较强/%	一般/%	相对较差/%	非常差/%
院士	7	0	0	71.43	28.57	0
院校	178	5.52	31.49	54.14	8.84	0
科研机构	137	1.46	22.63	62.04	13.87	0
工厂企业	237	1.69	21.52	51.48	24.47	0.84

三、当前我国工程科技人才队伍培养的特点

经过调查研究，我们发现我国工程科技人才队伍培养建设可以用以下几点来概括。

（一）工程科技人才队伍呈年轻化态势，高学历人才比例增大

十几年来，国家最高科学技术奖的获奖者往往都是古稀以上的老一辈的科学家，而且八九十岁的老人更占了大多数。从这一侧面可以反映我国科技界的人才面临青黄不接的现象，青年科技人才没有能够得到很好的选拔和培养。20 世纪 80 年代至 90 年代，教育培养人才出现断档情况。工程科技领域的青黄不接更是如此。但是，在国家、高等院校不断调整教育专业结构之后，我国工程科技界基本上克服了工程科技人才青黄不接的情况。据调研统计分析得出被调查企业工程科技人员年龄分布，见图 5.1。由图 5.1 可以看出，工程科技人员主要集中在 31～40 岁，所占比例达 54%，超过一半；21～30 岁的比例超过 1/4；41～50 岁的比例为 17%。

这表明,工程科技人员的结构比较合理。目前,我国工程科技人员队伍由老、中、青共同组成,其中以中、青年为主。这为我国未来工程科技领域的后续发展提供了人才保障。

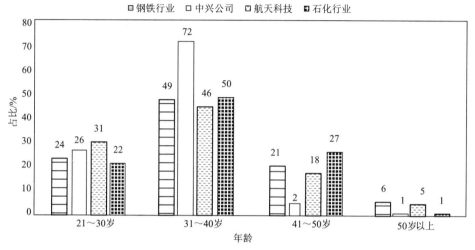

图 5.1 工程科技人员年龄分布

从图 5.2 中可以看出,目前我国工程科技人员的学历以本科为主,所占比例达 54%,超过一半;其次是硕士,所占比例接近 30%。这说明,我国工程科技人员普遍具有良好的教育背景,学历层次较高。

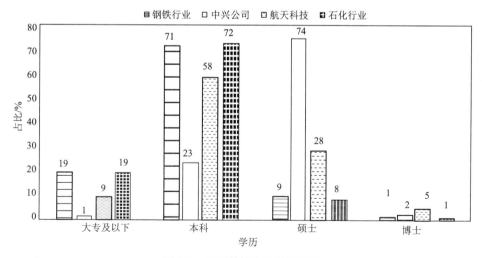

图 5.2 工程科技人员学历分布

（二）工程科技人才主要分布在企业，企业逐渐成为技术创新的主体

在欧美国家，著名的科学家在企业里工作的现象比较常见，而我国早期的工程科技人才从事科研活动往往选择在高校或者研究院所，选择企业的比例过少。企业作为市场经济的主要参与者，先天具有把握市场趋势的优势。而企业对于高层次的科技人才具有强烈的需求，但中华人民共和国成立早期，高层次的科技人才几乎都选择高校和研究院所作为就业的首选。这一现象不利于工程科技人才发挥产学研的结合，不利于企业成为技术创新的主体。在欧美发达国家，工程科技人才在高校、研究所和企业的分布与流动较为合理。例如，美国硅谷众多的创业公司很多都是高校老师和学生发起成立的，斯坦福大学的教授除了教授学生知识和从事科研工作以外，他们还会实际参与到公司的经营。这种模式下，科研工作者能够较好地发现市场的需求，而后利用自己所掌握的技术知识从事创新工作。如今硅谷的成功便很值得我们学习。随着我国现代企业制度的建立，科研院所的改革调整，企业吸引大学毕业生从事研发工作的越来越多。例如，华为、百度、腾讯等公司吸引了众多计算机、人工智能、大数据等方面的高尖研究人员，企业成为技术研发的重要力量。20世纪90年代，企业中从事科技研发活动的人员还不到总数的30%，然而现在研发团队则成为企业中人数最多的部门，也是企业最核心的发展动力。

（三）女性成为工程科技人才的重要组成部分

中国传统的重男轻女的观念在工程科技领域更为明显，在中华人民共和国成立初期在工程科技领域工作的女性寥寥无几。即便是在当今，工程院校某个班级内男女比例失衡的现象也是屡见不鲜。但是，女性有能力和智慧去从事工程科技领域的工作，在行业中的地位也越来越重要。21世纪女性地位逐渐上升，女性能够得到更好的教育机会，女性工程科技人才在科技创新和经济发展中的重要作用日益显现。统计显示，我国在20世纪末拥有女工程师988万人，占全国工程师总人数的36.9%。需要特别说明的是，女院士87人，占全国院士总人数的5.1%。如今，中国女工程师已经在交通运输、冶金化工、机电仪表和纺织等行业，以及生物、能源、环境、信息及新材料等尖端工程科技领域，甚至在火箭、宇宙飞船、导弹等设计制作及测试中都作出了重大贡献。调查统计数据显示，目前工程科技

人员中女性比例达到25%。

第二节　国外工程科技人才培养的现状

诺贝尔经济学奖获得者、美国经济学家贝克尔在总结这种发展趋势时指出：现代世界的进步依赖于技术进步和知识的力量，但不是依赖人的数量，而依赖人的知识水平，依赖高度专业化的人才。由于美国、德国、日本、俄罗斯、韩国和印度六国在国家体制和制度、科技发展水平、文化背景等方面的不同，对工程科技人才成长采取的具体作法也不尽相同，各国采取的作法往往与其文化背景、外在环境和政府的政策导向是分不开的。

一、国外工程科技人才的培养概况

（一）各国工程科技人才创新能力分析

1. 工程科技人员发表国际论文[①]

据统计，2010年工程科技人员发表国际论文居于前5位的是美国、日本、英国、德国、法国，我国科技人员发表国际论文共5万篇，排世界第8位。2002年，国际科技论文收录的我国科技人员发表的期刊论文和会议论文占世界总量的5.4%，而美国占30.2%，日本占8.9%，英国占7.9%，德国占7.3%。

2. 专利的授权量情况

根据世界银行发布的2006年《世界发展指标》中的统计数据，2002年我国居民专利申请文件数为40 346件，美国为52 643件，德国为80 661件，日本为37 495件，俄罗斯为24 049件。这表明我国工程科技人才创新能力不断提高。同时，近年来企业拥有的发明专利数量的增长速度明显快于科研单位和大专院校等

---

① 指被科学引文索引(science citation index，SCI)、科技会议录索引(index of scientific & technical proceedings，ISIP) 和工程索引（ the engineering index，EI ）收录的论文。

其他类型单位，2002 年我国职务发明专利的授权中，企业拥有专利 1461 件，科研单位 906 件，大专院校 697 件，企业在绝对数量上占据一定优势。技术市场的数据显示，企业不仅是技术的最大买主，也正成为最大的技术提供者。

根据世界银行发布的 2006 年《世界发展指标》中的统计数据，中国高技术出口额为 1616 亿美元，占制成品的 30%，仅次于美国。而《2001 年人类发展报告》也十分关注新技术对人类发展的影响。该报告首次设立了技术成就指数，它反映一国在创造、传播技术及培养人的技能等方面所达到的水平。72 个参加评估的国家（地区）的技术成就指数平均为 0.374，中国的技术成就指数为 0.299，居第 45 位，属于技术的积极采用者[2]。世界技术成就指数最高的是芬兰，美国、荷兰、英国、德国、日本、韩国等，属于技术领先型。从新技术扩散方面看，中国中高技术出口额占出口总额比例达 39%，其中高技术占 21%。高技术出口额在世界排第 10 位，比 1990 年增长 14.65 倍，但是只相当于美国的 19.4%。研发经费占 GDP 的比例为 0.7%，明显低于经济合作与发展组织国家 2.3% 的水平。

（二）各国工程科技人才教育特点和模式

美国以教育为中心，通过各种政策和措施，创造良好的创新环境，形成了完善的科技人才培养的教育体系；德国在注重大学教育的基础上，实行了"双元制"教育培养体系，为创新人才的成长创造条件；日本通过实施科技创造立国战略加速对人才的培养教育，注重人性化、忠诚和精神价值观的激励模式促进人才成长；俄罗斯重视教育，在科技人才积累的基础上通过一系列的政策和措施加大人才培养力度；韩国则充分接受与消化美国和日本的人力资源管理模式，结合本国民族的特点和历史发展进程，创造了一种混合性的韩国人力资源管理模式；印度作为发展中国家，人才培养模式的重点是政府的高度重视和大力扶持，从普及教育入手，提升本国科技人才实力。

（三）各国政府对工程科技人才扶持的力度

美国实力雄厚，扶持力度呈现多层次、全方位。从教育、培训、引进、使用、激励等各个方面加以支持；德国政府和企业都非常重视对教育、培训的投资，对人才培养给予强有力的扶持；日本对人才培养的扶持力度大，将人才培养作为长期战略加以实施，效果显著；俄罗斯在人才培养方面的政府扶持力度相比其他国家而言较小，尽管采取了很多政策和措施，对人才流失起到一定的控制作用，但相比苏联时期人才培养，政府的扶持还不够；韩国政府对人才培养的扶持从科技立国的战略出发，强调将教育和研发相结合，迅速加快了科技人才发展的步伐；印度政府十分重视扶持对人才的培养，尽管国力不强，但通过加大对产业的支持，特别是软件业的支持，使印度在信息技术行业培养出一大批高层次科技人才。

（四）各国对工程科技人才培养重点不同

美国重视高科技领域的各类高层次创新型工程科技人才的全方位培养、引进和激励，强调科技人才的能力培养；德国重视人才培养与企业的紧密结合，侧重应用型专业人才的培养，重视人才的专业技术能力；日本关注在高科技领域高层次创新人才的培养，在强调努力程度、忠诚敬业等的基础上，开始采用职业生涯计划，关注科技人才能力的培养和发挥；俄罗斯在基础科学研究、军工、宇航、核工业等科技部门有较强的实力，在信息领域正在加速人才的培养，对人才的培养侧重在其能力水平的提高和才华的释放上；印度在信息技术领域形成了庞大的教育体系，重点培养从尖端科技研发到基础实际应用的梯队形人才，重视信息技术科技人才各种能力的培养。

（五）工程科技人才待遇因国情各异

美国待遇优厚，吸引和引进人才的力度大；德国采取的措施对人才有一定的吸引和稳定作用；日本以稳定的终身雇佣等待遇留人、用人，对日本的经济发展起到很大作用；俄罗斯由于国力下降，尽管采取了一些提高待遇的措施，但对控制人才流失的力度还不够；韩国加大资金投入，提高科技人才的待遇，产生了较好的效果；印度尽管国力有限，但对科技人才提高待遇的力度很大，对吸引人才和留住人才产生良好的影响。

二、工程科技人才培养特点

美国和德国作为高等工程科技人才培养的两大权威,有着不同的人才培养模式。美国、英国和日本的培养模式属于"通才"型。从高校毕业的学生,不仅要掌握基本的专业知识,更要有良好的合作精神、较高的组织判断力和创新能力,同时要有很宽的人文社科知识面。以德国为首的,如法国、俄罗斯等国家都属于"专才"型培养模式,在人才培养过程中更加重视专业知识教育,致力于培养专业性很强的科技人才。而英美的人才专业知识培养模式在企业实际应用中各有利弊,故而对其的特点进行深入探究很有意义。

（一）通才教育

美国、日本和英国都侧重于通才教育。通才教育的第一步是培养人才的社会科学、自然科学和人文等的基础知识,进行学科性的广博知识型教育;第二步是进行专业知识的培养,这样的培养模式能够适应职业的多种选择。

美国教育改革的成功是很值得借鉴的,其主要培养模式有回归工程培养模式、大工程培养模式、终生学习模式。以麻省理工学院为例,该校是回归工程培养模式的典型,第一年和第二年的课程安排以基础课为主,包括数学、化学、物理、中等教育考试、英语写作,第三年和第四年以专业课为主。在完成本科学习后,学生能够熟练地将基础数学、统计、科学和工程理论应用到模拟和解决工程问题的实践中来。能够掌握土木工程的核心内容,具有进入职场或进入研究生阶段学习的能力,获得在系统设计和土木、环境等方面工作的重要经验,具有独立工作的能力和团队合作的精神,学会分析问题的最新方法,具备资料收集、模拟、工程管理、事业发展、与人交流及进入社会生活并成为领导者的能力,每年有70%以上的学生都会参加"本科生研究机会计划",这项计划主要是锻炼本科生从事科学研究的能力,参加该项目的学生能够完整参与从立项到总结的全部流程,包括设计和数据分析。该校学生也可以参加"技术创业计划",这项计划主要是锻炼学生的创新创业能力,参加该项目的学生可以结合某一个实际项目或实验,进行团队工作和合作学习。通过多学科的教师联合指导,可以锻炼综合分析问题能力、团队合作及创新的能力。此外，还有针对大学二年级学生的"本科实践机会计划"，这项计划主要是锻炼学生的社会实践能力，参加该项目的学生可以到企业参与某项设计或工程实践。

美国工程科技人才培养的特点有以下几个。

1. 重视学生个性的培养

美国大学本科和研究生课程大部分是允许学生在主修课程之外自主选择的，在本科阶段，学生的课程选择是根据自己对未来就业的期望和本身的兴趣爱好来决定的；在研究生阶段，学生可以自主选择想要掌握的专业技能和专业知识，并在其导师的专业指导下自主学习和发展。

2. 重视学生创新能力的培养

学校培养学生的创新能力的有效方法是有效实施实际的教学环节。学生的实习经验和评估对学生未来就业非常重要，所以学生非常注重利用寒暑假时间实习积累工作经验，为将来的就业奠定基础。由于企业提供了很多机会，所以大多数学生都可以自主选择感兴趣的公司和企业进行实践锻炼。

3. 重视学生综合能力的培养

学生不仅要学习专业知识、掌握专业技能，同时要掌握社会科学、自然科学和人文等广博的基础知识，以适应职业的多种选择，所以学校在课程设置和授课方式上要注重多样性和灵活性。

4. 重视职业资格和认证制度

美国土木工程师协会、美国机械工程师协会、美国安全工程师协会，这些行业协会基本上都设有专业的资格体系或认证体系，如美国土木工程师协会有"土木工程师执照"制度。会员必须具有土木工程学士学位，并通过协会组织的土木工程实践考试，在土木工程方面有四年的经验，而且州政府规定工程师只有有这个执照才能在土木工程方面独立工作。

5. 重视网络教育技术的应用

网络课程有更加丰富的教学资源，是美国很多高校近年来所采取的新型教育手段。通过远程教育的方式拓宽学生的学习渠道，学生在更灵活的时间范围自主选择感兴趣的知识，更加能够体现通才教育的本质。

（二）专才教育

专才教育指培养专业人才的教育，是相对于通才教育而言的。苏联是这种模式的典范，而德国、法国也倾向于这种模式：授予学生与专业密切相关的基础知识和基础能力。这种培养模式的特点是基于教学中的知识和能力，专注于学生发展的实践能力，培养出的人才在一定时间内是不可替代的，毕业后可以快速适应社会需要。

德国的高等工程教育培养模式历来强调实践性，突出对学生实践能力的培养。与美国工程教育模式重科学、以"学"为主相比，德国模式重技术、以"术"为主，德国工程师的基本训练是在高等学校学习期间完成的。

以亚琛工业大学为例，该校四年制的土木水利专业本科生培养的总学时在2600学时左右（不包括毕业设计或毕业论文时间），分为四大模块。

（1）公共基础和公共选修课在1200学时左右，在第一、二学期完成，主要包括数学、建筑物理、画法几何、建筑制图、结构构件设计、材料科学、结构分析等课程。

（2）专业基础和专业方向课（含课程设计和实验课）在1400学时左右，主要包括结构分析、测量、钢筋混凝土设计、钢结构、木结构、地下工程、商业经营与法律、施工管理等。

（3）实践教学课（生产实习和毕业设计）学时在17周左右。

（4）亚琛工业大学建立了试验所，教学研究、创新机构及管理中心等260多所与企业合作的机构，让学生能有更多的机会参与到实践和学术活动。

德国工程科技人才培养的特点有以下几个。

（1）与就业市场需求紧密联系，不断调整和完善知识结构。大学工程科技专业的教学内容和实例与生产实践紧密结合。此外，德国大学正在招聘大批科研单位或技术企业人才到学校上课，充分利用社会力量。德国教授在教学的同时必须从事科学研究，一般也会有社会兼职。

（2）重视人才的独立工作能力。工程科技人才到企业岗位实习在德国不仅受到法律保护，也受到企业的支持。学生在为期 13 周的社会实践过程中，不仅能够获得企业在专业知识上的指导，实习期间也能在生活上得到企业的经济支持。在这种政府、企业、学校三方共同重视的培养模式下，工程科技人才能够更好地适应社会。

（3）教学中注重讲授示范性的科学方法。在教学环节，教授往往给学生开列长长的参考书目，随时加入世界最新的学术成就和研究成果，要求学生通过自学去掌握。教授一般传授示范性教学方法，教授课程的内容既要能够满足基本要求传道授业，又要注重学生运用科学方法能力的培养，使其具有很强的自学能力和方法，培养可持续发展人才。

（三）通识教育在我国的现状

李曼丽[3]在《工程师与工程教育新论》一书中说道："通识教育理念的落实是以有关的高等教育制度为前提的。因此，讨论他在中国高等教育现实环境下的理念内涵以及制度构建是有意义的。" 她认为将一些需要"专业化"的领域"通识化"是一种"无意识的尝试"。美国人的那一整套能不能搬过来用？答案显然是不能。根据我国的基本国情，如人口数量、地域特征、教育资源等方面，如果将所谓的通识教育理解为去选一些与专业无关的课程，那就失去了"通识"的本意。"通识"是人的教育的一部分，首先追求了一定的"统一性"——这种"统一"是指思想道德和人格品质方面的统一，而并不是获得了大量的知识。我国的工程科技人才教育使用灌输式，学生缺乏独立思考，所以现在以利益为驱动元的社会现象等频发，也是我们对"通识教育"的理解不足所导致的。尊重个体的"差异性"，有时候专业知识是驱动学习的动力，有时候过早的文理分科不是好事。如何度量"通识"这个概念对工程科技人才的培养，还值得广大学者进一步研究。

三、工程科技人才培养目标

（一）未来型培养目标

甘龙飞等[4]在《麻省理工学院核科学与工程专业本科教育模式分析》一文中总结了麻省理工学院的工程科技人才应该具备的品质特征，并明确写在其使命宣言中：具有优秀的批判性思维和推理能力；能够理解科学方法和其他需要掌握的方法，从而能够获得、评估、利用信息来解决工作和生活中遇到的复杂问题；有力抓住量化推理，能够控制问题的复杂性和不确定性；在所选学科领域具有扎实的知识基础，并且在运用上有一定深度和经验；能够将所选领域的知识与社会中更大的问题相联系，能够欣赏科学、技术和社会的相互作用；保持智力上的好奇心，有坚持学习的激情；具有人类精神中最好的一些品质——敏锐的判断力、审美意识、适应能力和自信，以适应成年后的变化；具有历史知识，能够理解人类不同的文化和价值体系；能够将所学知识与道德伦理上的批判性思维相结合；能够与人清晰而有效地进行交流，从而能够很好地和别人开展合作；利用上述品质为社会作出积极的、实质性的贡献。

（二）现实型培养目标

德国有着专注于职业培训和学习各种实践技术的传统，工程大学有更好的条件来训练工程师。这种模式是基于深入和基础的教育及针对性的专业教育，通过加强与实际的联系来实现的。为了更好地获得工程专业必备的经验和技术，学生在学校进行培养的时间一般为 5～6 年。学生在入学之前，必须进行为期三个月及以上的企业实践，在校期间，要进行六个月及以上的实践。除了实践之外，学生还需完成课程设计和毕业论文。所以，培养的工程科技人才大都是高水平、高质量的。

四、工程科技人才高等教育教学

澳大利亚昆士兰理工大学在所有的工程硕士课程中广泛采用灵活教学法。这种教学方式对于研究生教育是很重要的，因为大多数学生为全日制，家庭和工作的双重约束意味着传统的教学方法已不再适用，而且全日制学生在本国和国外的班级中所占比例都很大。

麻省理工学院的工学院实施了三个计划，即本科研究导向计划、本科实践导向计划和课外实践计划，让学生利用课余及假期加强工程实际训练。

在昆士兰理工大学工程硕士项目中，教学的方式是通过各种各样的灵活教学法来协助传统的教室教学，包括允许学生按照他们自己的进度学习，在四年时间里完成这个项目，以便适应他们的家庭和工作的约束，通过集中教育(block mode，即集中几天连续上课，而非例行每周上课。研究生的课程很多都是这样安排的，方便在职人士参加。具体地来说，就是一个学期只上几次课，通常是四次或者八次，每次上一整天)协调学生和教员的时间，既有在线的传送，包括项目材料的光盘，还有灵活的评价和咨询。

一个工程硕士的课程是以集中教育的形式在两个星期内完成的。课程被安排在工作日的晚上及周末。这种分块教学方式提供了灵活的入口。这种教学模式给学生提供了充分的时间在教学开始前准备材料，使学生得以适应这种强化的教学方式。另外，为了推动学习实践，全部课程由不同的学习活动相结合而构成，如关于设计工作的议题、讲演、辅导和计算机实验。

工程硕士项目的教学与评估材料在线即可得到。对于海外的学生，在线获得资料也许会遇到困难，对于他们则实施免费拷贝政策。

值得注意的是，几乎所有的昆士兰理工大学从事工程硕士项目教育的教师在集中教育方式教学方面都拥有很多年的经验。其中有一些人还拥有与海外国家相关的文化背景，在那些国家从事过相关教学工作，这在提高教学质量上是一笔财富。

研究表明，一般地，学生们(或者普通意义的学习者)能够记住他们单纯通过视觉得到的20%，单纯通过听觉得到的30%，因此单纯通过视觉与听觉总共能得到的占50%，但是同时通过视觉与听觉，差不多能记住80%。昆士兰理工大学工程硕士项目是根据最新的科技、软件和解决科技问题的理论共同设计的，目的是提高学生的学习实践效果。

通常地，对于硕士学位要求一个学生成功地完成六门课程和项目。在某些情况下，一个学生在项目协调者的支持下可以修100%的课程，即八门课程。在项目的设计上学校作出了很大努力，使每一门课有其自己的特点，即不存在先决条件，每门课程本身是独立的，不依赖于这个项目的其他课程。这个特点给学生们提供了机动性，他们可以在任何可能的时间里选修任何的课程，使他们在允许的最大项目持续时间内，依据他们自己的进度完成项目，因此促进了灵活的学习实践活动。尤其对那些有工作约束的学生，他们喜欢这一做法。

项目持续时间工程硕士项目要求全日制学生在 12 个月内完成，对于兼职的学生则要求在 24 个月内完成。然而，学生们可以选择用四年来完成这个项目。工程项目的毕业证书，全日制的学生也许在 6 个月内能得到，而不脱产的学生则需要 12 个月，虽然持续时间的上限是 36 个月。

关于工程课程新的学习范式有如下趋势：逐步从传统的（包括静态的、方法单一、同步的、被动的、单向的、特定区域、真实的）方式向未来的（包括未来的、动态的、多媒体、异步的、主动的、交互的、网络、虚拟的）方式发展。

必须从"以教为中心"转变到"以学为中心"。这里首先有一个思想认识问题。国外有人认为这里涉及一个权力分配问题。过去教师掌握了教学内容、教学方式、教学进度的决定权，学生只能被动地跟着一步一步地学，缺少主动性和自主性。要转变到以学为中心，就要把这些决定权由教师和学生共同掌握。要从对这一问题的正确认识入手，逐步探索如何做到师生协同运作，解决教学内容、教学方式、教学进度的安排等问题。

以环境工程为例，在北美，有 220 多所大学提供环境工程相关的学士学位，但大部分大学的环境科学/工程系不是一个独立的系别，而是归于某一大系/学院之中，如华盛顿大学的能源、环境和化学工程系，哈佛大学的工程和应用科学学院（School of Engineering and Applied Sciences, Harvard University），辛辛那提大学的实证和环境工程系（Department of Civil and Environmental Engineering, University of Cincinati）等，独立设置环境工程专业本科的学校仅几十所。这是由于环境科学/环境工程属于新型的交叉学科，多数美国大学的环境学科是由某一或某些传统学科发展演化而来，因此其环境学科具有很强的与某一/某些学科结合的特点。以华盛顿大学和哈佛大学为例，前者的环境学科在区域全球的大气物理化学研究和大尺度模型研究处于领先地位。

北美的环境工程师主要从事解决水、大气污染控制、循环利用及废物处理、公共健康等方面的环境问题，其中一些工作是针对城市供水设计、工业废水处理系统。环境工程不但包括本地的环境问题，还包括全球性问题，如酸雨、全球变暖、机动车排放、臭氧层问题等。此外，许多环境工程师从事顾问行业，帮助客户遵循规则。

环境工程师必须有兴趣参与社区事务及解决环境问题。作为一个团队，他们需要有效地开展工作，并且需要具备沟通能力，包括书面表达和口头表达能力，在环境工程领域中这种沟通技巧是很重要的，因为环境工程师在很多领域都需要与非工程行业的专家联系交流，还需要具有分析、创新性等探索精神。

北美有 240 多所大学提供环境工程的硕士或博士学位。美国大学的硕士研究生的主要任务是课程学习。很多学校只要求修满学分即可，没有论文要求，如斯坦福大学可以让硕士研究生在修满学分额一年之内毕业。美国硕士生的课程要求很高，课程涵盖范围很广，而且要求一定数量的公共必修课程。例如，社会、管理类课程在总课程中的比例可高达 20%，做到文理渗透。硕士研究生课程的一个特色是对老师和学生的互动要求很高，针对课程的内容，在课堂上学生要做多次报告，老师会给予点评。很多美国大学也要求硕士研究生做一学术论文，但是论文的题目一般非常具体，对论文的质量要求远没有博士研究生的严格，硕士生从事学术研究的时间一般为半年到一年。目前国内对硕士研究生的学术研究要求要高于美国大学，但是在课程的要求上，无论是数量还是质量，都还有较大的差距。

美国大学博士研究生的主要任务是学术研究。但是，即使是在课程的设置上，对博士研究生课程的深度和广度的要求也比硕士研究生严格。美国大学对博士研究生培养的目标就是将其培养成一名优秀的科技人才。一般来说，博士研究生的培养环节主要分为以下几个。

1. 课程设置

美国大学博士生的课程设置分为核心必修课程（相当于国内的公共必修课程和基础理论课程）和学科专业课程。但是在学科专业课程的门类上，美国大学的专业课程数量要多得多（可达 100 门以上的专业课程），这主要是因为许多的专业课程往往以最新的研究领域为基础设置。这些课程一般少有课本，往往以系列讲座开展，追踪的是最新的学术动态和学术思想。这些课程的设置和美国大学对博士研究生创新精神的强烈要求是分不开的。因为这些新的专业课程可以极大激发研究生对当前研究领域的新热点的兴趣。以华盛顿大学能源、环境和化学工程系为例，其研究生课程包括了诸如 Topics in Nanotechnology（纳米技术）、Sustainable Air quality（可持续空气质量）、Advanced Topics in Aerosol Science and Engineering（气溶胶科学与工程）这些让人耳目一新的课程。此外，博士生课程由于内容较新，难度较大，很多美国大学要求这些课程在课外时间由助教单独开课，针对课上比较难接受的知识进行专门解答。

2. 博士资格考试

在博士资格考试之前学生要尽量修够所要求的课程，因为资格考试一般针对数门核心课程和数门专业课程出题。资格考试一般分两部分——笔试和口试。笔试又分两到三部分，分三天考完：核心课程部分，考 1～3 门核心课程，分别由教该核心课程的老师出题，考试一般是闭卷；专业课程部分，考 1～3 门专业课程，分别由教该专业课程的老师出题，不同研究方向的学生要考的专业课程不同，由导师来定考哪些课程，可开卷或闭卷，取决于出题老师。

部分美国大学还设置一般性考试，所有学生统一题目，根据提供的题材完成一篇论述文章。题材一般是跟环境有关的、有时事特点的，用来考察学生的见解、逻辑及写作能力。笔试后一两个星期是口试，每个学生都由导师和另两名教授组成的委员会来主持口试。委员会的老师们会对笔试中专业课程考试的问题进一步提问，或是出一两个实际问题来考查学生如何利用所学知识解决这些问题。口试结束后委员会成员讨论决定该生是否通过，并提出一些建议以帮助学生今后针对性地弥补自己的不足。

3. 开题报告

美国大学博士生在开题报告之前，要写一份论文研究计划，长度一般在 50 页左右。部分学校还要求学生提交发表和即将发表的学术论文清单。论文研究计划包括文献综述、方法论、研究成果分析、下一步的研究计划和毕业时间表等。然后由包括导师在内的 4～5 个教授组成委员会进行答辩。学生要详细讲述自己的博士论文研究计划，研究的目的、意义，已经取得的成果和下一步调研方案。委员会对学生的计划的可行性、意义及未来展望提问，并对学生的论文研究提出意见和要求。答辩结束，委员会进行讨论并提出一系列意见。学生要针对这些意见作出书面回应，到正式毕业答辩的时候答辩委员会要检查这些工作是否已经圆满完成。

4. 毕业答辩

博士毕业答辩分为两部分：公开演讲和闭门答辩。公开部分是学生做一个40～60分钟的报告，讲述其博士学位论文研究意义、方法、成果和结论。所有感兴趣的人都可以参加，并有20分钟提问回答时间。这部分结束后听众退场，只剩下学生和博士委员会的几个教授，教授们会问一些更加深入的问题，学生要为自己的方法和结果作辩护，并圆满回答他们的问题，这部分一般在2小时左右。之后学生退场，教授们闭门讨论，投票。然后通知学生是否答辩通过，导师会把委员们的意见整理发给学生，学生要按这些意见最后修改论文，直到导师认为所有的问题都已解决。

5. 教学

讲课是美国大学助教博士生一个非常重要的环节。因为培养博士生的一个重要目标是使其成为一名优秀的科技人才，参与讲课将极大提高博士生对课程的理解，并为其今后的教学生涯打下良好的基础。一般情况下，助教往往是由较高年级的博士研究生担任。但是并不是所有的博士研究生都需要承担教学任务。一般情况下，担任助教的博士生会被要求在一门课上主讲相对完整的一部分。比如，一两章节的内容，一般3～6节课。助教博士生还负责出作业题、改作业、课外辅导，以及出/改期中、期末考试中他所负责章节的考题。在讲课的过程中，一般导师会旁听，并给出书面的意见，以帮助学生提高教学水平。

6. 研讨会

美国大学的研讨会是很重要的一个环节。大部分学校各院系均每周固定时间设置学术研讨会。例如，华盛顿大学的能源、环境和化学工程系每周一、五各设置一次研讨会。多数是要求外系、外校的学者来做报告。这对研究生/本科生了解最新的研究有很大的帮助。在报告时间之外，一般还安排报告者与学生和老师的座谈及交流。除了这些正式的研讨会之外，还有教研组定期聚会，组内的研究生要汇报这段时间的项目研究进展，讨论下一阶段的研究方案，交流最新的学术论文等。这一定期聚会的机制提供了老师和学生互相交流、集思广益的场所。

7. 参加学术会议和发表学术论文

多数美国大学的导师鼓励学生多参加学术会议和发表学术论文，这已经形成传统。由于多数重大学术会议和高水平学术期刊位于欧美地区，美国大学博士研究生有更好的机会参与学术会议并发表学术论文。

五、工程科技人才培养机构

（一）美国人才培养机构分类

1971 年，美国卡内基教学促进基金会按性质和功能把美国高等院校分为以下六种类型：①授予博士学位的高等学校；②综合性大学和学院；③文理学院；④两年制的社区、初级与技术学院；⑤职业学院或其他专科学院；⑥非传统教育院校。每类院校又分成若干种，六类院校共分 19 种，以区别同类院校之间的差异。

根据卡耐基的大学分类标准，不同类型的高校在整个工程科技人才培养体系中的地位和作用是不同的。其中，研究型大学是高学术水平的代表，肩负着培养工程科技人才的重任，数量最少，仅占美国高校总数的 6.6%。单科性大学占美国高校总数的 19.4%，是除研究型大学之外的主要博士学位授予单位，这些大学的规模小但层次高，这类大学是培养专业工程师的摇篮。专科型学院承担了 86.3% 的专业工程技术应用型人才的学位授予工作，数量占美国高校总数的 42.3%。

（二）我国人才培养机构分类

我国处在高等教育大众化的初级阶段，我国主要有四类高校，其中最为社会认可的是博士型大学，是我国高级工程科技人才培养的摇篮。这类学校平均规模较大，大都为综合类大学，是我国授予博士学位和硕士学位的学校，这类学校数量占全国高校总数的 14.4%；另一种是硕士型大学，它承担了我国大部分高级工程师的培养任务，规模相对较小，数量占全国高校总数的 12.3%；还有就是本科型大学，它主要培养应用型工程科技人才，数量占全国高校总数的 11.8%；最后一类是高等职业专科院校，它主要负责大众高等教育，平均规模不大，但数量较多，占全国高校总数的 61.5%。

第三节　对我国工程科技人才培养的启示

以培养应用型人才为导向，在以通识教育为基础的高等教育完成后，重视继续教育，以培养适应现代经济、科技及管理需要的知识、能力、素质的工程科技人才为目标，建设适应国情的工程科技人才培养体系是我国工程科技人才发展的基础。

一、重视人才开发——改善培养环境

1. 加强政府在工程科技人才培养中的宏观指导作用

改变政府职能，加强服务，增加政府投入，发挥政府的宏观调控作用，形成多元化的研发投入体系。加强工程技术研究中心建设，建设高新技术开发区，培育和拓展工程科技人才队伍。

2. 构建工程科技人才成长的健康环境和机制

良好的成长环境是培养工程科技人才所必需的外部条件。建立人才选拔机制、人才保留机制、教育发展机制、评价机制和激励机制等机制以维护工程科技人才的健康发展。除此之外，创造有利于经济制度、社会文化环境的法律环境和政策环境，提高工程科技人才的作用，规范工程人才任用环境，服务于高水平的工程人才，创造一个公平竞争的环境。

3. 改革高等工程教育，加速工程科技人才的培养

高等教育改革不仅要着眼于跨学科的、深度的和系统的理论知识，而且要注重实践。为培养学生从发现问题到解决问题的各个方面的能力，奠定了坚实的基

础。而在专业平台上有多方面的交叉，使学生能够有效扩大知识面。加强国际合作交流，逐步形成培训考核制度和国际标准，培养具有国际知名度和高素质的信息技术人才。

4. 重视工程科技人才开发，适应时代发展要求

《中共中央国务院关于进一步加强人才工作的决定》[5]提出要培育科技人才建设，促进全员建设，促进各类人才协调发展。这是政府根据我们的人才实际情况和国际人才竞争发展趋势作出的重要决定，是解决人才建设面临的紧迫问题，有效应对世界竞争的关键。

做好工程科技人才开发工作，必须从小开始，从教育开始。学校是培养创新人才的基地。创新教育在工程科技人才培养的重要位置，从以考试为重的教育模式转化为以培养学习能力为重的教育模式，从而在国际竞争中培养创新能力人才以满足 21 世纪人才发展要求。

5. 加速实现人力资源的市场化配置

促进科技人才合理流动和科技人才队伍建设的重要方法是建设多层次、多元化的社会保障制度。随着社会主义市场机制的逐步建立和发展，人力资源市场运行机制逐步形成。但中国科技人才资源市场配置机制存在诸多缺点，所以市场机制尚未奏效。加速实现人力资源的市场化配置，如建立工程科技人才流动的供需预测体系，完善科技人才资源开发中介服务体系，建立健全社会保障体系。

二、产学合作——重视继续教育

建立激励约束机制和符合当地情况的安全机制，根据实际情况制定具体的法律法规，是保证工程科技人才教育健康发展的重要前提。中国继续工程教育立法相对薄弱，专业技术人员继续教育立法尚未通过全国人大常委会。借鉴发达国家经验，从国家层面上增加继续教育投入的比例，建立"有薪学习假"制度；从企业层面上大胆创造性地运用融资手段解决缺乏资金的问题。

1. 以培养应用型人才为导向

学习德国的"双轨制"教育体系。该体系是由政府引导，企业与学校共同承担高等职业教育，这种培训体模式能够将理论与实际相结合，从一定程度上解决了培训和就业之间的衔接。

2. 重视校企合作，促进企业人才培养

学习芬兰新型的人事培训模式，企业是继续工程教育的主体，高校是企业开展继续工程教育的重要参与者。大学与企业在高等工程科技人才的职业发展目标与继续教育发展战略之间开展灵活的互动，根据企业需求，调整学校课程设置，使培养出的工程科技人才能够更好地适应社会需求。

3. 培养规模大，从点到面，快速增长

学习美国的激励模式，设立科学基金会以吸引优秀人才到国家最需要的科学和工程领域中；由政府牵引，集合不同工程学科领域的人才共同研究解决问题以适应高技术产业迅速发展的需要。

4. 多种培训模式并存，形成完善的继续工程教育体系

在国外的继续工程教育中，政府扮演新制度的设计者、补充者和推动者的角色，最主要的还是调动社会各方面资本的参与。例如，西门子公司每年用于三级培训的经费达到 8 亿欧元，总部设有技术培训中心和高级培训中心，下设 47 个培训基地。公司聘用未取得专业学位的员工进入公司进行培训，在专业的培训过后同时可以获得学士学位。对于管理层的培训则是关注其管理能力和领导力水平，培养符合企业精神的价值观和先进的理念。

5. 重视初、中等层次技术人才的培养

重视高等工程科技人才培养的同时，不能忽略初等、中等工程科技人才的培养，在生产应用和技术转移等方面，这类工程人才起到了无可替代的作用，所以增强工程教育的多元化发展能够在工业转型升级的背景下增强灵活性。

第四节　工程科技人才培养典型案例分析
——硅谷，"美国高科技摇篮"

硅谷作为信息技术革命最早的产业核心，是高科技的产地，也是知识经济的发源地。硅谷成功的经验和模式可以归纳为以下几个主要方面。

1. 一流教育培养一流创业家

硅谷分布有 3000 多个高新技术产业和众多研发机构，以斯坦福大学和伯克利分校两所研究型大学为中心。大学的人才和开放环境是硅谷不断发展和创新的源泉，为企业提供重要的技术成果、高科技人才以应对快速变化的技术环境。大学与企业互相促进，使知识及信息创造和应用快速发展，故而硅谷被称为"美国高科技摇篮"。

2. 有效的人才激励机制

硅谷一直是许多百万富翁诞生的地方，风险分担、收入分享的机制是硅谷长青的根本原因。在某种意义上，股票期权的实施是对硅谷创新人才创新行为的肯定，激励他们再次进入新的创新活动，使美国硅谷充满创新和活力。企业留住人才的关键是把关键人物的个人发展和公司的发展结合在一起。

3. 开放、科学、现代的文化氛围

在硅谷，知识、信息和技术能够快速传播，各个公司工程科技人才不断地交流和学习，使信息和资源能够在各公司之间共享交流，逐渐形成一种开放的文化氛围。推崇创业、宽容失败、鼓励冒险的社会文化观念，人们将创新当作一种很有兴趣的职业，不断追求自我价值的实现。

4. 完善的知识产权保护制度

在健全的知识产权制度下，利益机制将驱动那些拥有知识产权的人不断创新。

保护知识产权这一举措避免重复发展的同时保护了工程科技人才的权益，使后代人在不断创新的基础上形成良性创新机制。很显然，知识产权保护制度对硅谷的经济发展具有重要意义，使硅谷的创新精神蓬勃发展。

5. 充足的风险投资

风险投资已成为企业研发资金来源，使高科技商业化的时间大大降低，加快创新速度。风险投资的生命线是技术创新，美国近50%的风险投资基金都位于硅谷，推动了硅谷技术创新的加速实施，如知名的英特尔、苹果等企业都是由风险投资发展起来的。直到今天，硅谷的创新速度虽不能通过数据直观地看到变化，但是硅谷的创新地位在全球仍然无可撼动。

6. 完善的孵化功能和专业化的服务体系

在硅谷，从筹集资金到公司上市都有专业的企业运营公司做生产经营的事，有专业的企业负责新产品开发，它们相互依赖、相互促进，这经常被简称为"孵化器区域""生态系统"。

硅谷的"孵化器区域"是指能够降低创业门槛的机构，如大学等研究机构，律师事务所、会计师事务所等运营机构，猎头公司、管理咨询公司等人力资源公司，以及风险资本公司、破产清算公司等金融公司等，在硅谷区域内有利于创业者创收或新公司能够建立并发展的制度化的基础设施，在创业过程中也大大提高了创业的速度和成功率，成功地刺激了创业者的创业欲望。

本 章 小 结

工程，包括产品和服务的创新。在"中国制造2025"制造业转型升级的背景下，工程科技人才的培养是一个学术界热议的话题。全球化已经成为我们这个时代的主题，产业和经济已全面进入了全球化的时代，科技和艺术也不例外。在工程科技人才的培养上我们应该了解自我需求，同时向全球其他国家学习、与其他学校分享成功的人才培养经验，从而提高我国的工程科技人才质量，为打造新时代背景下的"科技强国"奠定基础。

参 考 文 献

[1] 朱高峰. 我国对工程技术人才的认识有误区[N]. 光明日报, 2002-08-30.

[2] 杨京英, 王强, 铁兵. 中国与世界主要国家技术成就指数比较[J]. 中国统计, 2002, (8): 58-59.

[3] 李曼丽. 中国大学通识教育理念及制度的构建反思: 1995～2005[J]. 北京大学教育评论, 2006, (3): 86-99, 190.

[4] 甘龙飞, 杨晓虎, 马燕云. 麻省理工学院核科学与工程专业本科教育模式分析[J]. 高等教育研究学报, 2017, (1): 53-61.

[5] 孙梅. 培养创新型科技期刊编辑的思考[A] //中国科学技术协会, 新闻出版总署, 中国科学技术期刊编辑学会. 2008 年第四届中国科技期刊发展论坛论文集[C]. 中国科学技术协会, 新闻出版总署, 中国科学技术期刊编辑学会, 2008: 4.

第六章　高等工程教育布局研究

当前，中国处于新一轮的产业、科技与经济变革发展的重要时期，国家提出了多个强国战略，这些无疑对工程科技人才的教育提出新的需求，需要对中国高等工程教育布局进行重新规划。本章以前文为基础，进行了高等工程教育布局的研究，希望对中国高等工程布局的规划有一定借鉴意义。

第一节　高等工程教育布局现状

本章所指的高等工程教育，界定在本科、硕士研究生、博士研究生层次的工程教育，即我国本科及以上专业设置目录中"工学门类"下的各工科专业教育。之所以限定在本科、硕士研究生、博士研究生层次内，除了收缩研究范围的原因外，还考虑到本科教育是高等工程教育的基础和核心，硕士研究生、博士研究生教育在培养高层次工程科技人才方面起到中坚作用[1]。本节对中国高等工程教育布局现状进行概述。

一、教育规模现状

将中国教育部发布的数据进行整理，归纳出了 2005 年和 2015 年工科类专业本科、硕士研究生、博士研究生相关数据，具体见表 6.1～表 6.3，表格括号内数据含义为该教育层次高等工程教育人才培养数量占当年总体数量的比例。

表 6.1　2005 年、2015 年各层次高等工程教育招生数据

项目	本科生（所占比例）	硕士研究生（所占比例）	博士研究生（所占比例）
2005 年	739 668 人（84.92%）	110 362 人（12.67%）	20 983 人（2.41%）
2015 年	1 324 652 人（85.36%）	198 705 人（12.80%）	28 462 人（1.83%）
平均年增长速度	6.00%	6.06%	3.10%

表 6.2　2005 年、2015 年各层次高等工程教育在校生数据

项目	本科生（所占比例）	硕士研究生（所占比例）	博士研究生（所占比例）
2005 年	2 699 776 人（87.95%）	290 024 人（9.45%）	79 714 人（2.60%）
2015 年	5 247 875 人（88.39%）	554 667 人（9.34%）	134 930 人（2.27%）
平均年增长速度	6.87%	6.70%	5.40%

表 6.3　2005 年、2015 年各层次高等工程教育毕业生数据

项目	本科生（所占比例）	硕士研究生（所占比例）	博士研究生（所占比例）
2005 年	517 225 人（87.64%）	63 514 人（10.76%）	9 427 人（1.60%）
2015 年	1 180 508 人（85.83%）	176 130 人（12.81%）	18 729 人（1.36%）
平均年增长速度	8.60%	10.74%	7.11%

从表 6.1～表 6.3 可以明显地看出，2005～2015 年各个层次高等工程教育的招生数、在校生数、毕业生数有一定程度的增加，说明中国高等工程教育规模在不断扩大。从教育层次上比较，硕士研究生高等工程教育招生数和毕业生数平均年增加速度最大，本科生在校生数平均年增长速度最大，而博士研究生在招生数、在校生数、毕业生数上平均年增加速度都属于三个教育层次中最小的，说明在各个教育层次上我国高等工程教育的教育规模发展不同，博士研究生规模扩张程度不及本科和硕士研究生。在各个教育层次的教育规模上，在招生数、在校生数、毕业生数中，本科层次所占的比例最大，总体占比基本在 85%～88%，其次为硕士研究生，总体占比在 9%～13%，占比最小为博士研究生，总体占比在 1%～2.5%，从中可以看出中国高等工程教育的教育规模在本科、硕士研究生、博士研究生层次上比例大致为 43：6：1。从时间上比较，2005～2015 年，本科高等工程教育招

生数和在校生所占比例增大，硕士研究生毕业生数所占比例增大，而博士研究生在招生数、在校生数、毕业生数上所占比例都在减小，从中可以看出中国高等工程教育在本科和硕士研究生层次上发展更大，目前正在维持甚至缩减博士研究生所占比例，在一定程度上说明，对博士研究生招生、毕业要求更加严格。

二、教育机构现状

在高校等教育机构方面，大部分机构符合国家的办学要求，很多机构都具有自己的办学特色。在本科层次教育内容方面，工科类专业不同，课程设置不尽相同，但存在共性，可以分为公共基础课、大类平台课、专业课。公共基础课包括思想政治类、外语类、计算机类、数学类、物理类等课程。相同大类专业的专业基础课相同，可以包括工程制图、工程训练、电工技术等。专业课包括专业基础课、专业必修课、专业选修课，不同工科专业的专业课有一定的差别，但一般都包括课程设计、毕业实习和毕业论文。

中国教育部发布数据显示，截至 2015 年末，中国涉及高等工程教育的高校等教育机构共有 1219 所，其中研究生培养机构 792 个，包括 575 个普通高校及 217 个科研机构，保持迅猛发展之势。涉及工科类专业的在校生比例变化不大，其中理工类院校所占比例最大，接下来是综合类院校。这种发展的势头说明我国经济建设的高速发展和国家公共基础设施的建设步伐加快，使对工程科技人才的需求与日俱增。许多高校等教育机构看到了高等工程教育的发展前景，准备或正在筹备开设、扩大工科类专业。

目前，高校等教育机构的所属部门不仅仅为教育部，地方部门成为主力军。以研究生层次为例，图 6.1 为截至 2015 年末研究生层次高校等教育机构所属部门分布情况。从图中可以看出，所属地方教育部门的高校等教育机构数量占比最大，已经超过一半。直接所属中央教育部的学校等教育机构占比较小，占 9.60%。从中也可以发现也存在小部分高校等教育机构属于地方企业，并存在 5 所民办教育机构，虽然数量较小，也可以说明中国高等工程教育机构呈现多元化趋势，这也是因为随着我国新型工业化进程的推进，只由单个部门管理已经出现局限性，高等工程教育需要全面发展。

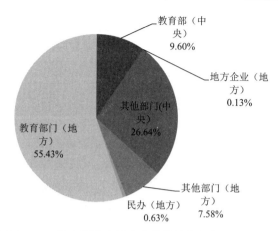

图 6.1　2015 年末研究生层次高校等教育机构所属部门分布

在高校等教育机构的地区分布方面，图 6.2、图 6.3 为截至 2015 年末中国各地区（不包括港澳台地区）高校等教育机构数量分布。其中，江苏以 77 所位居全国首位，其次为山东和湖北，为 67 所，北京、辽宁、广东、河北、浙江的高校等教育机构数量居于山东和湖北之后，都超过了 55 所，上述地区高校等教育机构数量总和为 519 所，占全国高校等教育机构总数量的 43%。也存在部分地区高校等教育机构数量较少的情况，宁夏、海南、青海、西藏的高校等教育机构数量都不超过 10 所，四个省份的高校等教育机构数量仅占全国的不到 2%，其中西藏只有 3 所高校等教育机构，位于中国最末，与第一位江苏差距 74 所。

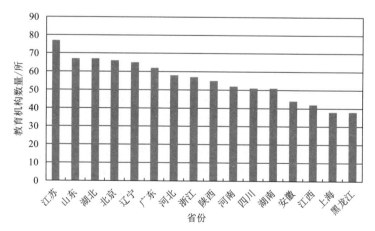

图 6.2　2015 年末中国部分地区高校等教育机构数量分布（一）

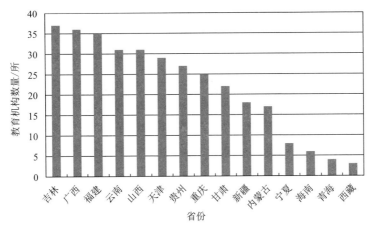

图 6.3　2015 年末中国部分地区高校等教育机构数量分布（二）

从图 6.2、图 6.3 可以看出，中国高等工程教育布局地区分布不均匀，教育资源呈现聚集性分布特点，主要集中在长三角地区、珠三角地区、京津地区、东三省地区，而边远地区如西部地区教育资源匮乏。总体来讲，东部地区教育资源多于西部地区，沿海地区教育资源多于内陆地区，经济发达地区教育资源多于经济欠发达地区，人口密集地区教育资源往往多于人口稀疏地区。

出现这种分布不均的情况主要有以下原因。首先是经济因素，发展教育需要投入大量的人、物、力，而这些都离不开经济的支持，支持的程度很大程度上取决于经济的发展情况。经济发达的地区资源丰富、机会充裕、开放程度高，吸引大量项目、资金、技术的流入，这些都需要大量的人才投入，加之发达地区生活条件较好，更加吸引人才的到来，由此对教育产生了大量的需求，教育得以扩大和发展。另外，经济发达地区的高校等教育机构基础条件相对较好，具备设置工科类专业的条件。同时，经济的发展也会为教育提供更丰富的资源，使教育继续扩大和发展，形成聚集区域。长三角、珠三角地区经济发展迅速，行业发展多样且丰富，形成了区域经济中心的同时，也促使高校聚集区域在这些地区形成。其次是交通因素，交通情况对教育布局影响较大，在高校等教育机构布局初期，往往会考虑交通便利的地区。交通的便利程度也影响人们对高校等教育机构的需求，人们往往更倾向于在交通便利的区域接受教育，这种需求差异导致交通便利区域高校等教育机构较多，而交通相对不发达的区域较少。同时，交通会影响信息的传递效率和数量，目前我们处于一个信息爆炸的时代，教育需要获取各个方面的信息，并快速转化为与时俱进的知识，来发展相关学科及产业。我国东部沿海地区相比西部内陆地区交通便利、信息丰富，教育相对发达，而西部地区人才流失日益严重，其中很大一部分来到东部沿海地区，从而使两地区教育差距日益拉大。所以中国涉及高等工程教育的高校等教育机构区域分布基本合理，但有待改善。

三、师资队伍现状

目前在工科类专业方面各个高校等教育机构已经积累了丰富的办学经验，具有大量教师资源。在各个层次上各高校等教育机构培养了一批优秀的教师，也培养了一批符合岗位要求的管理干部，他们在相应领域中发挥着不可替代的作用。表 6.4 为 2006 年、2015 年全国各地区（不包括港澳台地区）专任教师数量及增长情况。

表 6.4　2006 年、2015 年全国各地区专任教师数量　　　　单位：万人

地区	2015 年	2006 年	增长数量	地区	2015 年	2006 年	增长数量
江苏	10.72	7.84	2.88	上海	4.16	3.39	0.77
山东	10.47	7.47	3.00	山西	4.04	2.97	1.07
广东	9.89	6.11	3.78	重庆	3.99	2.37	1.62
河南	9.8	5.29	4.51	吉林	3.92	2.99	0.93
四川	8.44	5.22	3.22	广西	3.86	2.25	1.61
湖北	8.34	6.52	1.82	云南	3.69	1.94	1.75
河北	6.94	4.74	2.20	天津	3.11	2.45	0.66
北京	6.87	5.16	1.71	贵州	3.05	1.54	1.51
湖南	6.66	4.95	1.71	甘肃	2.61	1.61	1.00
陕西	6.65	4.75	1.90	内蒙古	2.55	1.91	0.64
辽宁	6.52	4.68	1.84	新疆	1.94	1.38	0.56
浙江	5.95	4.21	1.74	海南	0.9	0.52	0.38
安徽	5.81	3.68	2.13	宁夏	0.8	0.44	0.36
江西	5.73	4.22	1.51	青海	0.41	0.33	0.08
黑龙江	4.68	3.69	0.99	西藏	0.26	0.17	0.09
福建	4.48	2.82	1.66				

从表 6.4 中可以看出，教师资源也存在地区分布不均现象。各个地区专任教师数量排序与高校等教育机构数量排序不完全匹配。以辽宁省与广东省为例，2015年辽宁省平均每所教育机构所含专任教师数量为 1003 人，广东省为 1595 人。各个地区 2005～2015 年专任教师增加情况也不相同，部分地区增加较明显，如长三角地区、珠三角地区，部分地区增加数量较少，如东北地区、西部地区。以上现象与近些年来教师资源流失有关，无论从数量还是质量上来讲，西部地区、东北地区教师资源向长三角、珠三角等经济发达地区转移现象较为明显。

以兰州大学为例，依托国家政策及计划经济体制，加之学校早期科研工作人员的努力，兰州大学在 20 世纪 80 年代初步入鼎盛时期，教学、科研长期名列前茅。但在 1986 年，倾向西部的国家政策开始发生改变，西部高校、教师福利大幅度减少，原本西部地区的各项条件就比不上东部，当教师工资等福利取消后，西部高校对专任教师的吸引力也消失殆尽，从那时起，兰州大学就开始了一场持续的、大规模的教师资源流失。首先是院士这种声望在外的大师级人物，这些人不仅自己回到自己的家乡东部高校任职，还带走了一大批资源。接着很多人为了更好的待遇、事业发展空间及子女教育和就业而去往东部高校。甚至一些东部高校派专人长期驻守在兰州大学周边的宾馆，专门挖人。根据《兰州大学校史》，1984～1985 年，兰州大学老师减少了 255 人，教师数量跌入谷底，这主要是由人才向沿海、东部高校及其他单位流失引起的。20 世纪 90 年代初，学校很多教师再度成批流向东部地区，教师数量从 1991 年的 1321 人降至 1994 年的 1102 人。一些原本在国内有明显优势的学科，由于学术带头人流失，后继乏人，到了难以为继的地步。到了 21 世纪，由于兰州大学骨干教师已出走殆尽，人才流失由"塌方式"变成细水长流。从 2000 年到 2017 年，兰州大学一共流失副高职称以上人员超过100 名，学科骨干占了大多数。部分专业教师资源稀缺，专任教师几乎排满课才勉强能完成教学任务，可以看出兰州大学人才流失的程度与影响力之高。

兰州大学只是西部地区、东北地区高校教师资源流失的代表学校之一。如今，由于教育部第一批建设"世界一流大学和一流学科"的名单定于 2017 年上半年完成遴选，全国高校都在加紧争创"双一流"。依托当地政府大力支持与区位优势，东部地区高校展开了对高层次人才的新一轮竞争，在这种形势下，西部地区、东北地区高校的压力骤然再度增大。教师资源的流失必然导致高校整体科研实力、教育实力的下滑，进而造成科研经费国家拨款的减少，还会对高校的声誉产生影响，这会减少学生对该校的报考，降低生源质量，加之 2014 年国家开放保研政策，西部地区、东北地区很多优秀生源都纷纷选择到长三角地区、珠三角地区、京津地区接受研究生教育。这些情况不仅加大各地区教育差距，还会对中国高等工程教育布局产生很大影响，教师资源流失问题亟待解决。

第二节　高等工程教育布局的原则

高等工程教育要适应促进国家及社会经济的发展，也要适应产业结构的发展，这是高等工程教育布局的基本原则。另外，布局要以可行性为出发点，坚持高等工程教育发展的基本规律，做到公平性、动态性，使高等工程教育布局与产业需求对接，教育出满足社会需求的工程科技人才。

一、适应发展原则

高等工程教育布局首先要适应国家的发展。国家发展是基础也是前提，违背国家发展规律进行高等工程教育无疑会适得其反，因而进行高等工程教育布局需要以国家发展目标做蓝本。目前我国有两个百年目标，即在 2020 年全面建成小康社会和在 2050 年建成富强、民主、文明、和谐的社会主义现代化国家，根据国家发展目标，一系列的行动纲领也相继出台，如"中国制造 2025""一带一路"等，需要参照纲领根据国家发展的重点领域与内容对高等工程教育进行布局，使中国真正走上科教兴国的道路。

同时，布局要适应社会经济的发展。社会经济发展影响教育质量，教育也反作用于经济发展，二者相辅相成，只有高等工程教育与社会经济发展相匹配，才能促进经济发展与教育进步。我国一直以经济建设为中心，这也需要高等工程教育进行辅助，所以教育布局需要从经济发展出发，以经济发展的具体要求为主要依据，主动适应各行业经济发展需求，加快适应速度，在经济环境发生变化时可以有效应对，尽快与经济发展相适应。

布局要适应产业结构的发展。随着我国社会发展，产业结构得以提升，而产业结构的调整需要以教育为推动力，这对高等工程教育的布局提出了新的需求，需要依据产业结构调整发展趋势提前做好教育布局。中国的产业结构需要全方位发展，预计该发展趋势在短时间内将一直持续下去，因此对高等工程教育的布局具有重要指导意义。

布局也要适应地区的发展。我国地域广阔，各地区发展情况并不完全相同。而且各个地区的发展方式和发展模式存在着多种多样的区别。因此，在进行教育布局时必须考虑这些差别，有针对性地进行布局。例如，中西部地区和东南沿海地区之间，教育层次、教育规模、教育内容的布局都应该有所针对，并结合当地的现状和未来规划，从而使教育的布局与不同地区的发展相适应，以做到"精准布局"。

最后，高等工程教育的布局要适应人才的发展。高等工程教育的目的是尽可能多地培养满足国家发展和社会需求的工程科技人才，在教育布局中要从人才的发展出发，在不同规模、层次和行业上对人才培养进行规划，使人才个人多方面发展及各类型人才均衡发展。提高人才培养效率与质量，既要发挥人才最大作用，又不能超出人才能力范围。同时也需要调查人才需求的社会化环境，提高人才满意度，使之更好地服务社会，为国家发展作出贡献。适应人才的发展也要尊重个体的选择，为人才提供更多的选择机会和行业间流通机会。在现阶段的工程教育中，"一刀切"的现象十分普遍，学生在教育中面对的是普遍的通识教育。这样的教育模式很难发挥人才的多样性，不利于发挥人才的潜能。因此，在新的教育布局中应当着重发展多领域、多渠道的高等工程教育，从人才的发展出发，尊重人才的选择。

二、可行性原则

对高等工程教育布局需要切合实际，科学合理分配相关教育资源。要考虑人才的接受程度及各专业的具体情况，不能因追求教育产出最大化而违背事物客观规律。现代教育发展至今已经成为一门具有相当严密逻辑的科学，每个环节和要素都是紧密相连、不可分割的。在考虑教育布局时必须有着科学的态度，充分调研每一部分的可行性，再进行布局规划。

同时，也要考虑相关政策的支持性，法治是实现高等工程教育的可靠保障，要坚持依法开办、管理、发展教育活动，以"法"推动高等工程教育发展，更加注重立法与执法环节，明确各机构的权利和责任，落实分工，保证权责一致。教育布局超出政策规定的范围，势必会导致一些领域处于无法可依的状态。这不利于教育长期的健康发展，也难以起到正面的效果。在必要时可以建立相关政策法规来监督和支持高等工程教育的布局。时刻布局可以找出布局中存在的问题或需要改进的地方，方便参与者高效率地进行布局优化，使政策与规划协调一致，具有可行性。

高等工程教育是为未来社会培养人才，是一个面向未来并需要持久发展的活动，所以在布局过程中也要考虑未来的高等工程教育布局是否可行，没有未来教育的可行性发展就没有整个社会的发展。因此，在布局时需要具有前瞻性，不仅要考虑现有需求，还要对未来环境进行预测，根据未来发展需要调整布局。注重短期发展与长期发展相结合，要根据不同时期的发展目标与内容，分配教育资源，促成整体连续发展，防止只侧重于某一时期教育发展的现象。要以可行性的眼光看待教育布局及教育布局涉及的相关资源，不能只专注于当前存在的问题，要在解决当前问题的基础上，为未来教育创造良好的条件。同时，可行性还应体现在培养对象上，对人才进行终身教育规划，培养其终身学习能力与意识和应对未来社会的能力。

三、公平性原则

各地区的发展不平衡导致教育机会及教育资源的不平等，教育的不公平将影响工程人才数量及质量，进而影响相应地区的技术发展及经济发展，这使得各地区差距进一步拉大，不利于我国整体教育发展及经济进步。因此，在高等工程教育布局中，应考虑各地区及各行业间教育资源及教育机会的公平发展，注意偏远地区及相对弱势专业的教育投入，它们应该具有同等发展的权利。另外，不同年龄阶段的人才也应该接受同等教育，其中要重点考虑工程科技人才再教育情况，要让在偏远地区工作的工程科技人才享有平等的再教育的质量与机会。但公平性原则不代表各地区要获得相等的教育资源，各地区发展的不平衡性决定了教育及人才需求的差异性。在发达区域，人才的规模和层次需求较高，需要投入大量教育资源来扩大人才数量，且培养高层次人才需要更多的资源。在欠发达区域，教育资源需要面对需求，不能与发达地区分配数量绝对相等。公平性代表以需求和效益为基础，减少地区间和个体间的高等工程教育差异不是一蹴而就，需要各方面长时间的努力。

四、动态性原则

动态性原则意味着高等工程教育布局不是一蹴而就的，由于社会发展的不同时期对教育布局的要求是不同的，所以布局也需要随着社会的发展而不断优化调整。动态性原则要考虑三方面的内容：首先是教育环境的动态性。社会发展日新月异，导致产业需求具有动态性，而相应的高等工程教育布局也就必须具有动态性，以适应社会的变化与发展。而教育的动态性又在一定程度上引导着社会的动态性，二者相辅相成，不容忽视。其次是教育内容的动态性，随着科技的发展，课程内容需要不断更新，如已经被社会淘汰的编程技术就不应该继续出现在高校课本上，教育应与未来产业需要的技术相匹配。最后是教育过程的动态性。在教育的过程中，个体对自身的认识会发生改变，这些改变在一定程度上会影响个体的选择。而动态性原则就是要求充分考虑这些改变与选择，让教育布局在一定程度上适应这些改变，从而促进人才的发展与教育，这一点与之前的适应发展原则是相适应的。

第三节　高等工程教育布局的影响因素及方法

高等工程教育布局受到多方面的影响，只有将高等工程教育布局的影响因素分析清楚，才能更好地总结出布局的方法，本章对我国高等工程教育布局的影响因素和方法进行具体的分析与描述。

一、教育布局的影响因素

高等工程教育布局具有多种影响因素，不同因素对高等工程教育布局的影响程度和影响方式不同，因素间也会相互影响，本节归纳出高等工程教育布局五个影响因素，分别为产业需求、工程科技人才现状、工程科技人才成长规律、工程科技人才评价指标、高校等教育机构能力限制。

（一）产业需求

产业需求布局具有聚集性特征，会呈现区域性分布，产生的工程科技人才需求也会呈现区域性分布的特征，高校等教育机构也会按照相应区域布局来满足各个区域的人才需求。随着产业不断地发展，会出现新类型的产业需求，会在全国某个或某几个区域选择新产业的布局位置，这会产生一批新的工程科技人才的需求，从而引起高等工程教育布局在区域位置的变化，同时，新类型的产业需求会促进高新技术的发展，高新技术的发展与传统教育内容的结合不仅会扩展区域内高等工程教育布局的规模，还会创造新的教育内容。若某个区域中产业需求高，那么相应的工程科技人才需求量也随之增加，教育规模就相对较大，需要建立更多的高校等教育机构或扩大高校等教育机构的办学规模，以此来满足相应区域工程科技人才的需求量。若某个区域中产业需求类型多，就需要培养更多类型的工程科技人才，那么高校等教育机构的学科结构、课程设置就会相应地多样化和复杂化。航空、海洋、环保新兴产业需求的兴起，使高等工程科技人才需求增多，以此增加的就业机会相应增多，但在我国高新产业仍存在就业困难的问题，主要原因是高新产业相关企业对工程科技人才综合能力要求较高，对现有工程科技人才满意度较低。由此可见，随着产业需求的不断升级，对工程科技人才的数量、结构和素质等方面要求更高，按照原有产业需求培养的工程科技人才都难以满足现有产业需求，解决此问题，需要调整我国高等工程教育布局。首先，我国高校等教育机构需要依照相应产业的技术需求及对工程科技人才素质需要，对知识进行更新、调整教育内容，使培养出的人才迅速转化为产业需求发展可用的生产力。其次，需要调整教育层次及相应层次对应的教育规模，因需而动，若某产业需要高层次工程科技人才较多，就需要扩大教育规模培养相应需求的硕士研究生及博士研究生。相反，若产业需求对工程人才层次要求不高，就需要适度扩大本科生教育规模，限制硕士研究生及博士研究生的教育规模，以免造成教育资源的浪费。可以说产业需求的扩大促进了高等工程教育的发展，加快了高等工程教育资源的整合，调整了高等工程教育布局。但影响高等工程教育布局的因素不仅有产业需求，所以仅知道产业需求无法精确地对高等工程教育进行布局。

（二）工程科技人才现状

高等工程教育布局的目的是以需求为导向、强调实用性，培养各个层次从事工程活动的科技人才，同时使教育资源效用最大化。高等工程教育布局需要了解各个领域各个区域的工程科技人才的现状。一定领域、区域的工程科技人才的总数量在一定程度上反映了目前该领域、区域的教育规模，领域、区域内工程科技人才占比在一定程度上反映了该领域、区域工程教育的比例，领域、区域内工程科技人才的素质在一定程度上反映了该领域、区域的教育内容，领域、区域内工程科技人才的岗位层次分布在一定程度上反映了该领域、区域的教育层次。只有将工程科技人才的供给与需求相结合，才能了解目前各领域、区域内工程科技人才在数量、素质及层次方面的需求差额，进而结合其他影响因素有针对性地对高等工程教育进行布局，来满足社会需求。

（三）工程科技人才成长规律

在分析工程科技人才的供给与需求后，人们会认为可以进行高等工程教育的布局，往往容易忽略工程科技人才的发展规律，这也是高等工程教育布局的影响因素。工程科技人才的成长规律揭示了不同层次工程科技人才的成长规律，包括时间特征、能力特征、素质要求等。能力特征包括专业知识、创造力、沟通能力、外语水平、组织能力、表达能力等，素质要求包括责任感、忠诚度、道德伦理等其他素质。不同层次的工程科技人才成长规律各异，在进行高等工程教育布局时，需要结合工程科技人才具体的成长规律。对于某领域某层次工程科技人才整体，人才成长的时间规律对高等工程教育布局有重大影响，例如，若对于航空航天领域中的高层次人才，需要花费 6 年时间培养才能转化为满足航空航天领域需求发展可用的生产力，那么在航空航天领域，对于高层次人才的教育布局就需提前 6 年进行规划，也就是说，目前航空航天领域的高层次人才的教育布局在 6 年之后才能有一定的效用。这就对工程科技人才的需求预测提出了很大的挑战，也显现出滚动预测与滚动教育布局的必要性。对于工程科技人才个体来说，不同阶段的素质、能力要求不同，高校等教育机构的教育内容也会随之改变。而且工程科技人才成长中会存在离开岗位、进行再一次教育的现象，这对高等工程教育布局产生了很深的影响，例如，若 2020 年需要新增 100 万航空航天领域高层次人才，若忽视人才成长规律，不考虑继续教育问题，则航空航天领域的高层次人才的教育布局会稍显单一，即只针对在校生进行高校等教育机构布局、课程设计及素质培养。这对接受继续教育的工程科技人才是不适用的，他们可能对专业性知识需求更高或有针对性地提高某一方面的素质能力，这会造成教育资源的浪费，也有可能没有充分达成工程科技人才继续教育的目标。除此之外，这种单一性的高等工程教育布局也会对高校等教育机构的空间及数量设置产生误差，继续教育的工程科技人才往往采取就近教育，即会在人才工作所在地接受继续教育，这样往往会出现产业需求与人才培养数量不匹配的现象，造成部分高校等教育机构教育资源闲置或不足的后果。

（四）工程科技人才评价指标

工程科技人才评价指标主要影响高等工程教育布局中的教育内容，即对高校等教育机构的课程设置、培养方案等方面的设计。对工程科技人才的评价指标反映了当今社会对工程科技人才的考核侧重点，反映了社会对工程科技人才的需求侧重点。为了面向社会需求，在高等工程教育各个阶段，高校等教育机构需要根据这些评价指标对教育内容进行更新与优化。工程科技人才评价指标一般包括基本素质评价指标和岗位素质评价指标，对应着素质教育及专业教育。而不同评价指标的权重不同，体现着重要程度的不同。对于权重高的指标，高校等教育机构需要大力重视，加大相应课时及学分。对于权重较低的指标，控制相应课时及学分，避免教育资源的浪费。例如，目前道德伦理被越来越多的领域作为工程科技人才的评价指标，高校等教育机构就需要开设科学工程与道德伦理课程，加强工程科技人才该方面的素质教育。

（五）高校等教育机构能力限制

高等工程教育布局很大程度上需要高校等教育机构的参与，而它们的能力限制会对高等工程教育布局产生一定的影响，具体包括可培养人才数量上限、专业类型限制、教育实力及师资队伍限制。在得出某领域、区域工程科技人才需求预测、工程科技人才的现状，工程科技人才成长规律及工程科技人才评价指标后，需要对教育内容、教育层次、教育规模等布局问题进行设置。在教育规模方面，需要考虑目标高校或教育机构的可培养人才数量上限，不能超出学校能力限制，超出的部分需要规划到其他学校或重新建立新的高校或教育机构。在教育层次方面，需要考虑目标高校或教育机构的教育实力及师资队伍限制，若目标高校或教育机构没有博士生培养点，就不能将博士层次的高等工程教育规划到该学校中。在教育内容方面，需要考虑目标高校或教育机构的专业类型限制，若目标高校或教育机构未建设在航空航天领域的专业，那么在航空航天领域高等工程教育布局时，若其他高校等教育机构的剩余能力可以满足航空航天领域各个层次新的人才需求，应把目标高校或教育机构考虑在外。

二、教育布局的方法

具体分析高等工程教育布局的影响因素后，就可以对布局的方法进行明确说明，本节将高等工程教育布局的方法分为教育层次、教育规模、教育内容三个部分分别描述。

（一）教育层次

在教育层次的规划方面，首先要了解某领域、区域工程科技人才的现状，主要指标是工程科技人才的层次分布，可分为高层次、中层次及低层次，因为层次分布反映了该领域、区域内的工程科技人才的现有层次供给。其次，要对各领域、区域工程科技人才的需求层次进行预测，对应分为高层次、中层次及低层次。高等工程教育布局既需要考虑需求也要考虑现有供给，所以结合层次供给和层次需求可以模糊地确定高等工程教育布局的教育层次，例如，若信息领域在中西部的人才现有层次为中层次及低层次，缺失高层次，而层次预测为需要高层次、中层次及低层次工程科技人才，那么就需要在中西部高校等教育机构建立信息领域研究生和博士生科研点，培养中西部信息领域高层次工程科技人才或建立培养信息领域高层次人才的高校等教育机构。但单纯地了解层次需求及供给也无法精确地得出该领域、区域的教育层次，需要结合不同层次工程科技人才的成长规律。在高等工程教育布局的影响因素中，可以看出成长规律涉及不同层次人才成长的时间规律，若在信息领域，高层次工程科技人才需要的培养时间为8年，则8年后才能培养出适合中西部产业需求的高层次工程科技人才，那么就算对现有布局进行准确规划，也无法解决燃眉之急，这就需要国家对其他区域相应高层次人才进行政策鼓励，向中西部区域引入高层次人才。为了防止此种现象再次发生，降低人才引入成本，应加大对人才成长规律的重视，并定期进行需求预测及供给统计。

（二）教育规模

在教育规模的规划方面，与教育层次规划相类似，首先要了解某领域、区域工程科技人才的现状，主要指标是各个层次工程科技人才的数量，层次划分与上一部分相同，分为高层次、中层次及低层次，因为各层次的工程科技人才的数量反映了该领域、区域内的工程科技人才的现有数量供给。其次，要对各领域、区域各个层次工程科技人才的需求数量进行预测，对应分为高层次、中层次及低层次。同样道理，高等工程教育布局除了需要考虑需求及现有供给外，也要考虑不同层次人才的成长规律，人才成长的时间规律在教育层次方面已经进行详细分析，在这里就不再赘述。在前一小节人才成长规律这一影响因素中也分析了继续教育这一现象，所以在继续教育布局规划中，依据就近原则，要着重考虑各区域现有人才的数量，这很大程度上决定着继续教育的规模。但在高等教育阶段，结合工程科技人才成长规律，将区域内各层次人才需求与人才供给相比较，不能得出准确的需求差，因为人才存在流动性，表现在区域流动及行业流动。人才的区域流动表现在人才可以在 a 地接受高等教育，在 b 地工作，或是在 b 地工作一段时间以后，流动到 c 地工作。人才的行业流动性表现在人才可以接受 a 领域教育，从事 b 领域工作，或 b 地工作一段时间以后，流动到 c 领域工作。这些都会导致供给与需求的区域不对称性，这就需要领域及区域进行"流出"及"进入"的计算，这样才能得出真实的需求差。

在得出领域及区域的需求差后，就需要在对应的区域内进行高校等教育机构的布置。由于建立新的高校等教育机构相对成本大，首先应该考虑在现有高校等教育机构进行教育规模设置，若高校等教育机构的教师资源可以满足相应数量的人才培养，那么只需要增加招生数量，若现有教师资源无法满足对应数量，则需要根据目标高校或教育机构的最大师生比例来增加教师数量，若需求量进一步增加，已经超出目标高校或教育机构的培养数量，可以增加高校及教育机构数量，具体数量由新建高校或教育机构预计培养人才数量决定。在高校布局中，针对不同层次人才培养的高校等教育机构数量都需要规划，这意味着也要考虑高校等教育机构的教育实力及师资队伍限制，如无法培养能源领域的高层次人才的高校等教育机构，不能将其列入高层次人才教育规模的规划中。

（三）教育内容

在教育内容的规划方面，首先要了解某领域、区域工程科技人才的现状，主要指标是各个层次工程科技人才的素质，层次划分与上一部分相同，分为高层次、中层次及低层次，因为各层次的工程科技人才的素质反映了现有该领域、区域内的工程科技人才的素质特性。其次，与教育层次、教育规模规划相同，要结合各个层次工程科技人才的成长规律及评价指标，对应同样分为高层次、中层次及低层次。在工程科技人才的成长规律中，主要分析能力要求，了解不同时间阶段及层次的工程科技人才在能力上与现有人才的差别。在评价指标上，主要分析各个层次工程科技人才的基本素质评价指标、岗位素质评价指标及各个指标对应的权重。对于权重较大的指标及与人才成长规律差别较大的能力，进行重点学科规划，增加学分及考核标准。

总体来说，高等工程教育布局是主要在某领域、区域人才需求预测基础上，针对该领域、区域的工程科技人才现状，依据工程科技人才成长规律及评价指标，结合该区域内人才流动状况及高校等教育机构的能力限制进行规划。

第四节　高等工程教育布局的思路

明确了高等工程教育布局的方法后，本章将从总体和三个典型领域两个方面阐述高等工程教育布局的思路。

一、总体布局的思路

（一）优化教育层次及教育结构

三个不同的教育层次应确定不同的教育目标。本科层次的教育目标是教育出的工程科技人才可以实施已完成的设计、规划、研发和决策，以理论技术和智力技能为主，定位于企业的中低层，即初级、中级执行层等目标岗位。硕士研究生层次的教育主要是完成相应工科类专业工程师的基本训练，教育目标是教育出的工程科技人才成为面向工程第一线，具有鲜明职业技术岗位特征的从事各种专项工程的应用型人才。博士研究生层次的主要教育目标是教育出科学技术研究人员和教学人员，但也要为大型工程与企业提供高级参谋工程科技人才。

对于本科生教育层次，需要依据客观情况合理缩小其教育规模。由于工程科技人才不仅需要有相应理论知识与实践经验，还需要具有沟通、组织、协调等软能力，对于一个本科毕业生来说，除极少数优秀人才外，绝大多数是无法满足如此严格的要求的，因此即使任职于高层次岗位，也很难满足岗位需求，还需要在较长时期内逐步充实技术专业知识和工作经验。而且存在因薪酬待遇较低等问题，一部分工程科技人才选择其他专业的工作岗位，造成教育资源的浪费。因此，建议缩小本科层次工科类专业的教育规模，并且调整、优化其教学计划，重视实践，大大减少与工程技术无关的空洞课程。同时，还要协同育人，探索通才教育和专才教育相结合的教育方式，发展模块化通才教育，促进文理通融。继续推进基础学科拔尖学生培养试验计划。推动高校等教育机构针对不同层次、不同类型工程科技人才教育的特点，改进各个专业培养方案，构建科学的课程体系和培养方案。增加教授给本科生上课数量，构建激励机制，调动教师投入教学活动，不断形成教学的新方法、新形态。

应该重点发展硕士研究生层次教育，扩大相应的教育规模。硕士研究生是工科类就业的关键层次，对于中国工程事业的发展起到了关键的作用，要扩大其教育规模，教育内容要面向未来产业需求和未来工程科技人才的评价指标，重点要突出动手能力、设计能力和创新能力。这需要在东北地区、长三角地区、珠三角地区等选择一批具有工科特色的"985""211"大学，给予专项支持，建成一批服务国家战略的创新基地和新型智库，开展新型工程科技人才的示范性教育改革，并以项目的形式进行试点，以期取得成功后进行推广。另外，充分利用工程研究院所的优势，对相应的管理体制、办学模式等进行必要的改革与调整，促进研究生工程教育的健康发展。

应该严格控制博士研究生的教育规模。由于博士研究生层次的目标是教育出可以支持科研和教学活动的人才，并为技术性社会活动提供建议，需求量有限。现在中国高校等教育机构招收的部分工科类专业博士研究生的数量已经超过未来实际需求，将造成就业的困难。应该严把博士点的审批关，减少已有博士点的招生数量，提高质量，增加福利待遇，办出特色。

另外，根据硕士、博士研究生教育目标和定位，建议研究生教育阶段设立研究型和应用型两种学位。硕士研究生层次应比本科生的业务规格在深度和广度上有更高的要求，研究生的教育必须清晰定位，学位分类多样化，培养目标明确。这表现在每一学位级上设立双轨制，分为应用型和研究型，前者主要在社会中从事实践工作，为企业培养后备人才；后者主要偏重于科研活动和教学工作，同时也是接受博士研究生教育的必需条件。两者的教学计划与课程体系应该完全分开制定。依照产业对工程科技人才的需求制订计划，可以增大学生选择余地，促进研究生层次教育的专业化，明确教育目标。研究生可通过学历教育获得学术型学位，也可通过非学历教育获得应用型学位。通过这种方式可以确定不同的教育目标，教育出多种类型的工程科技人才，改变目前教育规格、教育类型单一的状况。

（二）强化教育内容

首先是强化道德教育。按照培养现代工程科技人才基本素质的需要，教育内容应当以目前的科学技术为主，并兼容经济、管理等诸方面，发展多元教育，体现时代多元性特性。课程体系中需要涵盖道德类课程。目前中国发生了很多工程问题，对社会造成了严重的影响，原因在于工程科技人才的技术水平不符合要求的同时，道德缺失也是重要的一环。目前，工程科技人才责任心欠缺是一个普遍问题。责任心不仅体现在对承担的工作尽职尽责上，还体现在一种科学的精神上，一些工程科技人才虽然"有知"，但为了规避风险或逃避责任故意"不为"，这体现了其缺乏科学严谨的精神。

工程科技人才应具备一种企业家精神，即一种创新和进取的精神。即便是接受工科类教育的学生，也必须具备多方面的人文和社会科学知识，并加强在道德、文化等方面的修养。斯坦福确定的教育目标是："所有的学生在校内和校外都要显示出作为一个好市民应具有的修养、道德、自尊和尊重他人的品质，要相信你将从斯坦福的各种资源中受益，并要在未来的日子里能够服务于社会和人民，成为在才智和社会成就上的佼佼者。"[2]这些是大多数工程科技人才所欠缺的。所以工科类专业一定要加强道德教育方面的建设，降低当前社会部分不良氛围对人才的影响，大幅度减小以个人利益为首的想法，营造良好的行业环境。另外，不仅在高等工程教育领域，还需强化整个社会基础道德的教育。

其次是强化创新性教学内容。本科生层次要改变传统的以教师、教材、课堂为中心的教学方式，推行基于问题和研究的新的研究性教学内容。不仅要传授知识，更要促进思维拓展，启迪学生思想。突出学生的主体地位，在教育中注重学生的知识、能力、素质的培养三者之间的协调发展，发挥科学研究的重要作用。应该将本科生创新实践纳入正常的教学实践环节，以政策鼓励有学术造诣、作风严谨、认真负责的教师担任指导教师，创造一支优秀的指导教师队伍。另外，导师要对整个教学流程严格要求，不但要使学生接受严谨的科研训练，还要培养学生实事求是的作风，减少学生浮躁的心理和行为，为学生日后的科研道路打下夯实的基础。若有条件，可让优秀本科生融入指导教师现有的科研项目中。硕士研究生和博士研究生的教育内容要立足科学研究、面向工程创新，建立"工程实践与研究相结合"的高等工程教育模式,不以发表论文作为毕业的唯一准则。工程科技人才要将实践与研究结合,将被动的实践转化为主动的实践与研究。

最后是强化合作教育。目前各个层次的工程科技人才多为独生子女,具有良好的素质,掌握宽泛的现代知识,擅长使用网络。他们关注个人发展、敢于冒险、充满激情。他们更注重规则,表现出良好的学习、接受能力。但是,在他们的成长发展中,由于家庭和社会的影响,不可避免地出现很多弱点,如缺乏责任心、以自我为中心、依赖性强等,这些弱点的集中体现之一就是缺乏合作精神。21 世纪的建设者应当具备合作精神,这对未来社会的发展具有不可替代的意义。因而学会合作已经成为大多数国际教育组织所提倡的教育目标,在合作中学习,在学习中合作,已经成为高等工程教育中不可忽视的内容,应将合作精神融入教育内容中。第一,在学校动员院长、教师、辅导员等加强对学生合作精神的训练,渗透到学生学习和生活中的每一方面,培养其合作意识。第二,可结合科研活动对学生进行合作精神方面的培养。第三,可成立学生合作学习小组。学生在合作小组中学习和生活,通过提供帮助而满足别人的需求,同时又通过互相关心而获得归属感。当学生获得融洽的合作、出色的学习时,他们得到的更多,学习得更愉快。这样,就使合作精神氛围得以形成。

(三)优化各个区域的教育规模

我国涉及高等工程教育的高校等教育机构区域分布基本合理,但有待改善。我国高等工程教育的布局不能只考虑区域内经济因素、人口因素、交通因素等,还应考虑区域内的产业需求、工程科技人才现状、工程科技人才成长规律等,缩小区域高等工程教育差距、推进教育公平是改革的方向。当今经济的发展对于西部偏远地区的部分产业需求加强,对于西部地区的工程科技人才来说需要进行继续教育,继续教育应该遵循就近原则,所以对于宁夏、青海、西藏等教育资源匮乏的西部地区,应该注意扩大教育规模,增加教学设施,增加2~3所高校等教育机构,尤其加强对研究生教育层次的建设。在教育内容上,侧重提高解决实际问题、分析判断和创新等方面的能力,并加强科学技术的更新,教育内容面向未来产业技术需求,同时提高工程科技人才实践机会。对于京津地区、珠三角地区、长三角地区，产业需求一直不断增加，且教育基础设施建设保持先进水平，需要根据不同产业需求程度及工程人才成长规律扩大相应的教育规模，保持工程科技人才的持续供给。对于东北地区及中部地区，不同产业需求发展程度不同，存在部分产业需求处于下滑状态，需要根据产业类型及工程人才成长规律来确定扩大、维持或缩减教育规模。加强区域间高等工程教育协作和高校等教育机构间的合作，提高高等工程教育整体水平，是高等工程教育布局结构优化的方向[2]。

　　教师资源的流失问题阻碍了各个区域教育规模的优化进程，解决教师资源流失问题可以有效地优化中国高等工程教育布局。对于教师资源流失较为严重的西部地区、东北地区，高校等教育机构需要针对自身特色，加强部分学科的建设，既可以拓宽经费来源渠道，又可以创建自身特色，吸引教师与学生。建立完善的津贴分配制度，在经费允许的情况下，对教师进行经济和科研上的鼓励。改善职称评聘制度，防止以年龄作为判断标准，充分调动教师的积极性，发挥其科研与教学能力，创建良好的学术氛围，提高高校整体水平。合理利用学校资金，适度加大对本校学生的奖励政策，增大本科生继续在本校接受研究生教育的比例。提高学生待遇，如增加与其他国内外高校和企业的交流机会、改善学生居住环境等，吸引人才。对于教师资源丰富的长三角地区、珠三角地区、京津地区，加强本校教师资源的优化，提高本校教师的整体实力，理性预估教育规模，避免盲目招聘外来教师。总的来说，区域高等工程教育均衡发展是一个长期的、动态的、辩证的历史发展过程。均衡发展不能简单地理解为平均发展、均等发展，而是特色发展，是鼓励不同区域高等工程教育实现优势互补、特色发展、整体提升[3]。

二、典型领域布局的思路

　　在各大国家发展战略下我国高等工程教育布局会发生相应变化，下面将对三个典型领域高等工程教育布局的思路进行简述，分别为信息领域、能源领域、航空航天领域。

　　对于信息领域，东北地区、西北地区侧重通信专业教育，增加数学、物理课程，侧重于工程科技人才成长阶段中的高等教育阶段，扩大中低层次教育规模，适度增加高层次教育，加强认知实习，注意学科交叉，提高工程科技人才横向能力，大力培养应用型人才。同时，扩大继续教育规模，教育内容偏向实践。长三角地区和珠三角地区扩大各个教育层次规模，侧重中高层次教育，加大软件、集成电路和新型元器件、专用装备开发教育，加强创新培养课程、增加管理学课程、扩大对外交流机会，培养自主创新人才、复合型人才、国际化人才、高技能人才。另外，这些地区应特别注意加强学生对科研的兴趣的培养，对于国家大学生创新性实验计划项目、挑战杯、全国电子制作竞赛、全国机器人大赛、西门子杯仿真竞赛、大学生科研训练项目等项目可采用"海选"模式，在大量学生参加的基础上，择优选拔，形成良好的本科生科研创新氛围。

对于能源领域，各个专业和地区都要重视工程伦理与人格的教育。东北地区、西北地区应该着重于能源开发方面的教育，增强能源开发数字化、智能化、信息化、安全化方面的教育，因地制宜根据主要能源种类设置课程，对于西北地区进行煤炭开发与转化、油气勘探及提炼专业教育，增加工程训练、认知实习、工程实践训练课程量，提高应用能力。同时抓好继续教育和职业教育，提高基础劳工素质。中西部应加强二次能源领域的教育，如太阳能、核能研发，扩大高层次教育规模。华东地区应该侧重于能源运输领域教育，如油、气、电智能运输，同时应加强新能源的开发、高耗能领域的节能等高精尖技术研究，新能源教育内容可以涉及机械原理、车辆构造等课程，以便促进新能源相关产业的发展，如新能源汽车。节能教育内容侧重提高能源利用率、降耗及环境保护等方面，教育层次要向更高层次侧重，依托地理优势，教育上加强对外交流，增加出国项目。

对于航空航天领域，需要加强各地区的创新教育。东北地区和西北地区需要扩大各个层次的教育规模，加强高层次教育，培养领军人才、复合人才，教育侧重运载火箭及航空发动机等重大机械装备设计、航天器空间交汇对接、大型飞机制造、卫星搭载等内容。同时，侧重于工程科技人才成长规律中的社会阶段和继续教育阶段，教育内容偏向实践，增加工程实践训练，提高解决实际问题、分析判断和创新等方面的综合能力，为企业和工厂中的人才提供更好的教育。长三角地区和珠三角地区也应相应扩大中高层次教育规模，教育内容侧重于航空器安全、飞机降噪环保、低成本、轻质结构、动力传输、智能信息等尖端技术，重点培养理论型人才，课程上应该注重与国际接轨。

本 章 小 结

高等工程教育布局一直是高等工程教育研究的重点，布局对于工程科技人才的培养也起到重要的作用。本章主要对中国高等工程教育布局进行研究，首先对中国高等工程教育布局现状从教育规模、教育机构、师资队伍三个方面进行描述，提出了教育布局的四个原则，并结合教育布局的影响因素从教育层次、教育规模、教育内容分析了教育布局的方法，最后阐述了中国高等工程教育总体布局和三个典型领域高等工程教育布局的思路。

参 考 文 献

[1] 李颖. 高等工程教育布局与区域经济发展的互动研究[J]. 中国成人教育, 2015, (14): 18-20.

[2] 第五战略专题调研组. 高等教育发展战略研究[J]. 教育研究, 2010, (7): 26-30, 57.

[3] 李硕豪, 魏昌廷. 我国高等教育布局结构分析——基于 1998—2009 年的数据[J]. 教育发展研究, 2011, (3): 8-13.

第七章　高等工程科技人才的问题与建议

针对前文研究结果，可以发现我国工程科技人才的队伍建设和教育培养方面仍存在很多问题，为了跟上国家制造业转型的步伐，缓解工程科技人才培养和社会需求之间的不一致性，本章从国家、企业和学校三个层面提出了相应建议。

第一节　工程人才队伍建设中存在的问题

一、工程科技人才评价不合理

什么是工程科技人才，怎样才能被称为工程科技人才，一直是企业和高校探讨的话题。可以发现，直到现在，对工程科技人才的认知和评价还是存在着重学历文凭、轻职业技能的观念，认为工程科技人才必须拥有高学历，这让学历不高的员工受到了严重打击，无法专注于技能的提升，从而导致了对技能的忽略，然而从人才现状可以发现，学历并不能保证技能，大学生专业技能还存在很大的缺失，因此职业技能的培训应该得到重视。在企业中很多晋升机制和进入门槛更多偏向于高学历，对于具备专业技能但来自非名牌高校的工程科技人才来说，是不公平的，这种认知和评价的不合理性导致一些工程科技人才受到了不合理对待，当今企业寻求工程科技人才，首先要正确评价人才，给予工程科技人才正确的认识，工程科技人才成长与发展的社会环境仍需要有进一步的改善。

二、工程科技人才结构亟待优化

从工程科技人才的总量储备来看，工程科技人才数量并不低，每年从高校向外输出的毕业生数量也逐年增加，但是企业需求的工程科技人才数量却远远得不到满足，这也是高校和企业供需之间出现的问题。从工程领域的博士毕业去向来看，据统计，毕业后仅有 15%的博士会选择进入企业就业，且选择自己领域的行业进行深入研究，有 68%的博士会选择进入高校或者研究机构作为就业选择，剩下进入企业的比例少之又少，这个进入企业工作的比例和国外相比，美国会有80.8%的科学家进入企业中进行研究开发，英国会有 61.4%的高等工程人才选择进入企业，可以看出中国的比例严重偏低，企业人才不足，发展速度也会受到制约，这也是企业工程科技人才需求得不到满足，企业发展动力不足的原因之一，培养出的工程科技人才毕业后未能成功向企业输送成为一个关键问题。同时我国的人才培养结构还存在很多欠缺，不能适应国家制造业升级等变革，还不能有力支撑产业结构转型升级，需要按照新形势下的"中国制造 2025"的战略要求，加强国家重点关注领域的人才培养，改变人才的培养结构的不一致性。

三、工程科技人才的能力素质亟待全面提高

目前我国传统教育模式仍然没有实现素质教育，更多的是偏向技能的培训，导致这种体制下培养出来的人才进入企业后没有一定的创新能力，更像会操作的机器，出现这种状况，也和中国人才培养经历的学习历程相关。

在中国工业化初期，中国和苏联关系友好，且很多方面都在向苏联学习，因此在人才培养方面也不可避免。苏联在工业化建设初期，需要为了满足工业化需求培养大量技术性人才，基于对社会主义初期工业化阶段的认知，中国同样走上了建设技能型人才的道路。可以说这样的培养方针和目标是符合当时的国情的，也势必会导致工程科技人才只能成长为企业发展的螺丝钉，缺乏了创新能力和创造力，只要掌握基本技术操作即可。这样的人才培养理念一直持续下来，然而随着改革开放的发展，市场经济和竞争逐渐加强，对人才的能力需求已经远远不止基本工作技能，随着企业发展，处于市场经济这样千变万化的环境中，企业需要不断地提升自己的能力，这一重任导致企业对人才的渴求，对人才具备更高素质和应对变化的需求逐渐上涨，对人才提出了更高的要求，对高等教育的人才培养工作也有了更高的期待，目前培养的高等工程人才在职业能力和综合素质方面都

需要有更多的提升，才能符合企业的发展，因此对高等工程人才培养工作中人才素质和能力培养定位也提出了很大的挑战。

第二节　工程人才教育培养中存在的问题

一、人才培养观念上，师资素质无法满足教学需求，科研教学分离

在师资资源方面，我国工科教师队伍的素质无法满足人才培养的需求，拥有工程背景又善于教学的"双师"型教师的数量非常少，大部分老师只是在家和学校之间进行工作，并没有真正进入工厂，没有真正工程项目的经验。在现有的教育教学体制下，教师的实践动手能力几乎没有，也从未到企业中的科研项目、工程设计中去参与过锻炼，导致对工程专业学生的教学更多偏向于理论，纸上谈兵，教学内容和企业实际严重分离。同时因为高校之间激烈的竞争，很多高校为了保住学校的竞争地位，把激励机制和重点都放在科研成果上，强调多发论文，使教师更加注重论文成果，忽视教学，使高校教学领域严重落后，发展方向明显和高校教学和传授知识的目标相悖。

在师资评价方面，教学工作的评价是长远的过程，人才培养的效果需要很长的时间才能体现，因此设定评价指标比较困难，从而导致教学质量的评价不被重视，其基础地位和重要程度容易被忽视，这也说明教师在教学中的付出很难看到效果，无法得到及时的回馈，从而大大降低了教师对教学的积极性。目前，很多高校对教师的评价指标更多集中在文章、专利等的数量上面，而严重忽视教学环节。究其原因，教学效果得到反馈的周期太长，只有学生毕业后，通过其就业情况，以及结合企业的评价，才能部分反映出教学质量，然而这一周期对教学评价来说，实施起来非常困难，因此很多学校忽视教学评价，更多地强调把快而有影响力的文章和科研成果作为晋升和评价指标，这对教学事业是一个严重的打击，对教师的发展方向也起到了不良的导向作用。工程教学的老师，重心更多放在科研上，完全不掌握教学方法及关注教学质量，对教师的职责已经理解偏颇，科研与教学完全分离，导致课堂教学失去了本身的价值和意义，因此对人才培养方面，

如何真正做到科教融合是至关重要的课题。

二、在培养内容上，教学内容相对滞后，供需不协调

从专业的划分来看，我国对工程科技人才的教学内容规划太过滞后，还是受到之前一些刚性目录的限制，无法脱离之前的条条框框。在专业划分方面，太过详细，使每个专业的学生知识面太窄，没有一种宏观的全局意识，加上转专业的难度很大，学生想要跨学科交流，进行交叉学科的综合发展也无法实现，导致学生的综合能力不足，这和我国制造业转型背景下对人才能力的需求是相悖的，亟待调整思维。而在课程设置方面，同样存在很多问题，如课程内容陈旧，已经和企业发展中的内容完全脱离，没有跟上时代发展的步伐，教学内容脱离实际。

而在教学内容方面，一方面，工程科技人才培养工作还未和产业界真正结合，产学结合远远不够，企业中新技术和新知识都无法体验在教学内容中，而随着国际化的进程，企业需要人才具备的国家化视野和能力，以及像法律、管理、市场营销等方面的素质和能力在这样的教学内容中完全得不到培养，从而导致培养出的人才完全不能满足新工艺的需求、新环境的需求，甚至创新能力都无法得到满足。另一方面，在教学计划中，理论课程偏多，而实践环节却少得可怜，很多实践环节在很多高校都是形同虚设，或者所占的课时比例过小，教学形式太过单一。

三、在培养资源上，供需矛盾仍比较突出，产学未结合

在资源配置方面，地区之间存在严重的分配不均衡的现状。尤其是沿海的学校，或者是知名度高的"985""211"院校，聚集了大批优质教育资源，在世界上都可以跻身前列，师资方面也聚集了大批院士和科技领军人物，总的资源水平在世界都处于先进水平，但是在很多地方偏远的学校，优质教育资源严重匮乏，很多中西部的优质教育资源也陆续被沿海地区的高校挖掘过去，使教育资源分布严重不平衡，这样下来，高等工程人才的培养总量上不去，如何改变地方教育资源不足，或者实现资源的共享也是一个重要的问题。

实践教学方面，目前工程教育仿佛正在走进"象牙塔"的黑洞，产学严重没

有结合到位，在教学内容选取、教学队伍构建、建设完善的实践平台等方面，产业和学校之间没有合作到位，改革步伐过于缓慢，跟不上新时期科技与技术发展的脚步，从而导致工程科技人才培养无法适应产业经济发展，工程科技人才的产出数量远不能满足企业的需求。

第三节　国家层面的建议

一、构建工程科技人才报告体系

企业需求和高校教育输出之间的矛盾，主要是由信息的不对称造成的，企业需要什么样的工程科技人才，高校对工程科技人才的培养改革是否产生了相应效果，都需要详细具体的工程科技人才报告来进行参考。而对工程科技人才的动向报告，主要应该从国家层面构建出一套完善的工程科技人才报告体系，来反映工程科技人才的多方面信息，并定期更新，从而让企业、学校及国家等多方共同了解工程科技人才社会整体走向，对政策实施效果、教育改革效果，以及企业的需求和问题有更进一步的了解，并及时进行问题修正和调整。具体在国家层面，应根据"中国制造2025"提出的十大重点领域方针，规定社会上第三方机构等，收集每年不同行业人才的信息，建立起持久的具有参考价值的行业人才状况报告，并每年向社会公开发布。企业等也可以根据这一报告，再结合企业的发展规划，提出自己的人才需求，制作公开性的人才需求预测指标和说明性文档，让社会了解企业对工程科技人才的需求状况，从而指导高校调整和优化人才培养结构，减少供需矛盾，及时调整教育方向，进而加强人才培养以满足国家战略转型的需求和企业发展需求。

二、构建工程科技人才的教学质量评价体系

鉴于工程科技人才培养存在诸多问题，构建合理完善的工程科技人才教学质量评价体系非常重要。在国家层面，应利用社会各方面力量，鼓励利益相关方，

来协同评价工程科技人才的教学质量。

　　学校本身已有相关职能部门来对工程教育质量进行评价，学校的教务处、工程科技人才的教育质量评估中心等部门，应该共同协作，对工程科技人才培养的教育质量实现合理、准确的评价和监督，从而确保教育的有效进行。此外，学校部门为了严加监督，可以设立一个校级和院级的督导小组，为了能够起到真正的检查和督促作用，这些督导小组的成员必须具备相应的知识和能力，可以是一些资深学者、管理层的干部，以及对教学方面都很有经验的人员构成，这样才能全面地起到评价和督促作用。监督和评价过程也要更加深入到教学现场，切身感受教学全过程，从而真正地保证教学质量。

　　人才培养环节中的另一个利益方则是企业。企业对人才的需求使企业已经开始加大对人才培养的投资。而企业作为人才的毕业就业去处，更应该配合高校进行人才评价工作。企业为了保证培养的工程科技人才能够符合企业需求，在人才培养过程中就应该参与到高校的教学计划制订中，提供现代工程科技人才在企业中应掌握的内容，保证教育内容的一致性，并且应该提供企业实习机会，从而让工程科技人才能够更早地和企业接轨，而在企业中学习阶段，也应该和高校共同监督，借鉴高校的评价指标，从而保证人才在企业中培训学习的质量。

三、完善工程科技人才管理和教育的激励机制

　　激励机制对工程科技人才管理非常重要，通过激励手段，能够在一定程度上地激发企业工程科技人才的积极性，还可以引导工程科技人才的发展方向，改善存在的很多问题。具体对工程科技人才的激励制度，可以从三个方面着手：①建议国家设立工程方面的基金和奖项，对在岗位上积极进取，作出贡献的员工，要给予合理的奖励；②为了改善中西部的资源匮乏现状，要加强对中西部地区人才培养和就业的政策支持，促使工程科技人才向中西部流动，从而改善工程科技人才分布不合理的问题；③建立中国工程管理协会，构建完善的工程科技人才评价体系，提出高水准的工程科技人才能力指标，多培养、选拔人才。

　　基于工程科技人才教育方面存在的问题，同样可以通过激励措施来进行改善，具体激励措施可以从两个方面着手：①国家层面设定奖励措施。国家层面的奖励

措施有助于在全社会形成良好氛围，引导工程管理教育教师培养朝着良性的方向发展。例如，有效地利用国家级"教学名师"评选活动，推动工程管理教育"名师工程"建设。②对落后区域和艰苦行业的工程管理教师培养实施保护措施。工程管理教育教师培养具有地域和专业的差异性，当前高校教师的流动具有明显的地域和专业趋向性。一是向经济发达地区集中，经济不发达地区教师流失严重；二是教师群体整体向当前热门行业集中。要保障我国工程管理教育的均衡发展，应从国家层面对经济落后地区和艰苦行业的教师实行以经济补偿为主的相关措施，提供财政资助，尽可能地缩小地域和专业的差异。

四、推动企业专业培训体制的建立

从"工"型工程科技人才成长规律可以看出，工程科技人才在刚进入企业时，处于社会适应阶段，在前 5 年都需要继承、学习、积累前人留下的成果，这一阶段是工程科技人才了解社会环境、学习工作技巧并且正式接触社会的过程，也是其所学理论与实践的"磨合期"，这一阶段是工程科技人才成长的一个关键期，在此阶段，职业技能需要得到相应的培训，逐步深化其专业能力，不断提高其专业素质和综合能力，因此企业在员工工作初期的培训体系完善与否对工程科技人才的成长起着至关重要的作用。而企业培训资源需要企业投入大量资金，资金不足会严重限制企业的培训力度，为了鼓励企业加强对员工的培训，在国家层面，应该加大对企业培训的资金投入，具体可以通过建立企业培训基金、工程科技人才的创业及就业引导基金等，来帮助企业承担起工程科技人才专业能力培训的责任，同时国家还可以通过一系列减税和免税政策来鼓励企业大力发展工程科技人才的培训，在行业中名望高的重点企业设立工程管理教育的基地，并对培训效果突出的示范类企业提供更多的政策优惠和扶持，甚至可以将工程科技人才的技能成长作为评价指标，对企业的培训体系进行考核，建立相应激励制度，奖励培训体系完善且培训效果突出的企业，从而进一步推动企业建立完善的工程科技人才培训体制。

五、构建协调联动的继续教育工作格局

随着产业新技术的发展，工程科技人才的知识更新成了重要课题，为了能够减少供需矛盾，人才的教育能够适应企业技术的更新，需要在国家层面，对知识更新课题引起足够的重视，要以人力资源的社会和保障部门为首，不断完善行业组织和主管的合作与协调机制，制订长期的高等工程科技人才技术和知识更新的发展规划。对人才的继续教育考核，继续教育机构的管理，继续教育内容编写与发布，以及相关机构的管理制度，都需要作为重点工作不断改进，而在就业中，也要将继续教育水平作为考核内容，尤其是一些公需科目和专业科目的成绩要作为重点审核内容，形成政府部门、企业及个人三方面的继续教育机制。

具体可以从三个方面着手：①构建完善的继续教育平台，为知识更新的实施提供合适的平台，加强人力资源的服务产业建设，针对工程科技人才、继续教育人员的公需科目，建立共享的网络培训平台，并建立和完善工程科技人才的数据储备。②健全社会多方的合作联动机制，形成全社会共同培养工程科技人才的格局。从政府层面，结合学校、协会、企业等多个方面，共同参与到人才培养工作中去，整合生产、科研、教学等多方面资源，从而形成范围广、资源整合的继续教育工作网络，倡导由人力社保部门领导，建立行业重要领头单位联席会议制度，加强部门之间协调联系，健全继续教育联动机制。③针对知识更新的需求，对继续教育内容、教师资源及一系列培训项目，进行交流服务活动。加强教师的培养，提高教师的素质，并严格监管制度，对工程实施成绩突出的单位和个人进行宣传，还要给予适当的表彰。

第四节　学校层面的建议

一、调整教育内容，适应市场和人才成长规律

目前，本科生培养缺乏个性和多样性，本科专业的特色不强，专业性人才的培养缺乏科学的定位，在通才与专才培养的问题上仍争论不休，其实如何培养人

才应该根据不同情形有不同的定位，毕竟我国是一个地域广阔、区域经济发展不平衡的国家，地方经济差异明显，加上多种经济成分的存在，很难用一把尺子衡量教育模式。各地产业结构发展的水平不同，经济发展的规模大小不一，技术结构不同，不根据客观实际谈论通才与专才的培养，就会脱离中国的实际，本科生培养的究竟是应用型的人才，还是研究型的人才，或是两者兼而有之，最重要的还是要明确为谁培养人才，如对于制造类的企业专才要更多一些，对于服务类的企业，通才会更受欢迎，因此要依据社会对人才类型的需求来进行对本科生的培养。

除此之外，从工程科技人才成长规律可以看出，没有工作经验的本科生或研究生不可能一毕业就可以直接从事管理工作，而是需要先从事一些低层次技术类工作，积累一定经验后，其中表现优异或具有管理潜质的人才往往能够脱颖而出从而发展成管理人才，所以建议，为满足目前市场上对工程科技人才的需求，应对现有的教育内容及形式作一些相应的调整，其主导思想为：本科教育打好基础，在职教育有针对性，研究生教育拓宽领域，并在现有的工程类本科教育中加强素质类、基础管理类教育内容，特别是要加入工程伦理道德教育课程。这主要是由于，一个成功的工程科技人才，根据行业特点，需要具备较深的专业技术水平，方能把握工程特点，指导其他优秀的工程科技人才，并最终引导技术发展的方向；在工程科技人才成长的道路上，需要在不同层面不同规模组织的内外部协调资源，保障项目的顺利实施，沟通能力必不可少；项目遇到困难、资源发生匮乏、沟通产生障碍时，工程管理人才需要以积极的、不达目的决不罢休的心态，克服一切艰难险阻，达成局部乃至全面的成功，逐步成长为工程管理专家时，工程管理人才需要掌握项目所需的财务相关知识，从战略角度思考问题，把握市场趋势，分析投入产出。

二、建立新兴制造业学科，推动新兴学科和传统学科的结合

随着科技的发展，在教育内容上也要进行及时的更新。随着产业转型，传统的制造业也进行了相应的转型升级，企业数字化转型，以及兴起的大数据和数据挖掘等技术，已经成为企业需求的重要技术，因此在工程教育中，应该将这些新

型技术和传统领域相结合进行教学，给学生以新的视野。而制造业的新的变革带来的也不只是新的机械制造技术等，而是基于信息技术和智能化的巨大变革，要求人才的知识储备要从根本上颠覆，除了扎实的专业技术知识，还需要交叉学科等背景。这也要求学校在通识教育方面，也应该针对信息技术进行相应的教学，增设如人工智能、机器学习、数据库、数据挖掘、传感测试、视觉交互等技术课程。而在课程的目录设置中，学校也可以和企业进行合作，企业也可以部分决策教学内容，专业设置上也可以动态调整，保证对变化的适应能力，并且针对"中国制造2025"的重点学科和特色学科，高校应及时调整，设置相关专业，满足新形势下的社会发展需求，设置"中国制造2025"重点发展战略下的重点专业，构建与产业结构相适应的专业设置分类。

三、加大实践教学内容比例，实现基础知识、实战训练和企业实习的聚合

学校要加强和企业的结合，让企业部分决定教学内容，结合传统基础教学内容，并为学生提供宽松的学科交叉环境和平台，让学生在学习中便具备工程能力和素质。加强学生的工程素养，多鼓励企业在学校举办相关工程项目活动或者比赛，为学生提供接触工程性任务的机会，通过这些活动从而让学生提高实践能力，可以和相关企业形成合作关系，基于"中国制造2025"战略的重点领域，在企业中建立实践教学的基地及实验室等实践动手操作平台，甚至在学校举办一些创新活动，学生的课程设计等也可以到企业中完成，或者鼓励企业中的工作人员到高校进行教学，甚至可以建立企业教授发展路径和相应机制。

四、创造实践平台，提升工程科技人才实践动手能力

为了提高工程专业学生的实践动手能力，需要学校提供一个完善的平台。在课程设置的时候，就可以在基础理论教学的基础上，适当将科研课题等结合起来，让低年级的学生可以很早地进入实验室，感受科研氛围和环境，培养干中学的方法，让理论知识能够和实践相结合，帮助学生更好地理解理论知识，同时加强了学生的动手能力。而针对高年级的同学，可以建立以课题为导向的形式，不再只

是课堂上得到理论教学，而是有针对性、有主题性，这样学生的学习不再漫无目的，而是有目标、有深度，从而在广度保证的基础上又有了深度。而针对一些非常优秀的学生，可以另外建立不同的有针对性的培养体制，大胆地进行高等工程人才改革试点，可以专门为这些学生提供更为自由的学习模式，如组建科研小组，讨论创新型课题，鼓励学生主动学习自己感兴趣的方向，创建创新型课堂，使教育有走在最前沿试点的突破点。而针对新入学的学生，则可以在课堂中多引入探讨型的形式，让学生早些感受到科研探讨的氛围，从而增加学生对研究型学习的兴趣，为后边的研究打下了兴趣的基础。这种形式可以让学生从一开始就适应大学研究的节奏，培养学生探索性思维的形成。

五、专兼结合提升教师队伍工程实践能力

针对"双师型"教师匮乏的问题，在学校方面，可以通过给教师进行培训，从而提高教师的教学素质和工程实践动手能力，同时学校还可以鼓励教师到企业中去参加培训，通过在企业中的轮训，从而增加自己的工程实践经验，使教师能够及时掌握企业中最新的工程知识和技术，进一步更新教学内容，避免教学内容和企业实际工程内容脱轨的问题，而教师在企业中，通过了解这些企业中的新知识和新技术，可以结合这个企业的实际情形，来制作具有及时性的教学案例，帮助学生了解企业的最新动态，也可以帮助学院这一门课的教学内容更新和编写。而在培训过程中，培训时长、目标企业的选定等，都需要在前期做好准备。除了鼓励教师去企业中去，还可以聘请企业中具有丰富实践经验的师傅去高校进行兼职教学，在教学前先进行基本的教学培训，明确目标后，再上岗。为了建立稳定的教学交流，可以为这些到学校中兼职的师傅建立教师库，这样还能进一步加速兼职教师的资源共享。

学校还应该重点关注"双师型"的结构，从而保证兼职教师能够很好地适用教学体制。而对于这种兼职的教师，学校应该秉持开放性和职业性的双重要求，更好地适应学校和企业两种不同环境，从而建立起一支强大的"双师型"队伍。对于一些实践课程，学校就应该请这些兼职教师进行教学，而在时间安排上，考虑企业的工作时间，兼职教师的教学时间最好安排在节假日，并能够

集中时间，实行全天教学，为兼职教师的教学提供可能的自由时间。在这个过程中，学校有三点应该注意：①要让兼职教师更好地融入学校，因为兼职教师和学校之间的合同并不是长期的，关系也不稳定，从而不能将兼职教师的行为和观点同学校价值观取得一致，因此为了能够让兼职教师从身心上都能成为学校的一分子，应与兼职教师签订长期的合同，让他们多参与到学校的活动中去，来加强他们对学校的认同感；②要给予兼职教师以尊重和平等的地位，学院在各方面的教学决策都应该和兼职教师协商，将其作为决策人员之一，从而增强其归属感，让兼职教师对学校也多了一份责任感；③要采取不同的方式对待不同类型的兼职教师，不能只靠经济手段来激发这些教师的积极性，要针对不同的类型采取不同的激励措施。

六、国际交流提升工程科技人才国际化能力

互联网的出现打破了国家之间的界限，地球村应运而生，由此可以意识到，企业在走向国际化的进程中，对人才的国家化能力和视野也产生了相应的要求。要求人才具有国际化视野，也不仅仅局限在人才拥有国际化的先进技术和能力，还会要求人才能够在面临国际化的冲击下，如何适应这种变化和冲击，如何拥有开阔的思维和国际化的处理方式，从而能帮助企业在这一冲击中和国际更好地接轨，帮助企业更好地走向国际，因此在学校教育中就应该提前创造机会，提升工程专业学生的国际化视野和素质。建议学校通过设立和其他国家学校的合作，建立大量优质国际交流项目，在国家资金和政策支持下，积极拓展海外分校，建立国际合作项目，带动国际合作办校，鼓励学生进入国际化环境学习，对学生的语言能力和国际环境理解及适应能力都会有很大的帮助。最后学校可以引入外籍教师，带来新型教育思想和理念，让学生即使在国内也能感受到国际教育思想。

七、完善继续教育体制，协助企业高层次工程科技人才的培养

为了满足企业对工程科技人才继续教育的需求，高校需要在高等教育的基础

上承担起高层次工程科技人才的继续教育角色。但从目前来看，高校的继续教育体制远不能满足对工程科技人才的继续教育的需求，高校的继续教育在学校教育体制中的地位也没有得到相应的重视。因此，为了改善这一现状，建议高校继续教育采取多种措施，不仅让教育者只负责教育，还应该具备教育经营能力，这些能力在市场经济环境下，要求这些教育者要开拓市场资源，挖掘继续教育的学生资源，不断扩展生源，并能够策划不同的项目，让其他学校的老师也能够在活动中被邀请进来。而传统观念中，正式教育和继续教育总是区分开的，但是现在要打破这种思维，让正式教育和继续教育之间有个相互交叉的机会，两种教育之间可以优势互补，不断改进，使之前的普通教育和继续教育之间能够实现对接，让继续教育真正成为教育深造的一部分。如何使两者衔接，可以在普通教育和继续教育之间建立通用的积分制，这样两个教育学习之间可以实现衔接，并且在企业、政府及学校中，这种积分是可以保留并被认可的，需要完善这种积分制度的认证，从而让继续教育制度发挥其作用，调动进行继续教育学员的积极性。

在课程设置上，如何使继续教育平衡技能和学术理论，是个非常重要的问题。一般高校举办继续教育，其课程设置更加偏重理论教育，而一般的继续教育则是一种针对技能培训的职业技能教育，然而既然是教育，就应该和普通教育一样，将理论和实践结合在一起，从而能实现教育的本质和职责。继续教育的目标不应只集中在理论或实践一点，而应该是放眼在培养复合型人才。这需要学校在继续教育过程中，传递给学生一种终身教育的理念，从而让学生具备一种终身学习的思维，为后期自我充电提供持久力。

在继续教育资源上，为了得到良好的教育资源，高校必须和从政府到企业再到社会其他团体等进行多方面的合作，来获得整个社会的资源支持。高校要深入了解不同区域的经济发展和产业结构特征，和企业的主管部门共同规划继续教育的目标和实施策略，从而设置出继续教育的课程。此外，高校还要加强产学结合，将高校内的师资和资源同企业中的实践平台和实践经验相结合，为继续教育课堂提供丰富的教学资源。最后，高校还要在国际上打通国际认证制度，使继续教育人才具备国际化的水平。

第五节　企业层面的建议

一、完善工程科技人才职业初期的培训机制

　　基于"工"型工程科技人才的成长规律，工程科技人才在刚毕业进入企业时，正处于社会适应阶段，其职业技能相当欠缺，因此为了让工程科技人才能够更快地融入岗位，企业应该在职业初期提供一套完善的培训体系。在国家政策和资金支持下，建议企业通过培养人力资源中的培训专家，进行基本培训，工作中还可以建立师带徒制度，促进工程科技人才的成长，发挥"师承效应"，如建立有关制度、签订师徒教学的协议，尤其是把许多退休师傅请来发挥余热，建立起"老师傅工作室"，从而满足新工人拜师学艺的需求。除了专业技能培训，还应该注重职工的综合素质发展，如实践动手能力、学术交流等，让职工在适应阶段能够有更多的收获，如企业可以对实践、学术交流等方向提出明确的标准，并提供其学术交流、技术竞赛等各类能力提升活动的机会。而伴随经济的飞速发展，工作人员的道德意识也出现严重滑坡，人的自私自利及利欲熏心逐渐蒙蔽着人类的责任感，因此对职工进行工程伦理教育势在必行，工程伦理的教育在高校中可能会有所涉及，但不仅仅局限在高校，或者只是在高校让学生了解一下就可以匆匆了事，必须要对在职员工进行工程伦理学教育，或者说工程伦理更重要的部分就是对在职员工的教育。

二、构建工程科技人才的持续成长体系

（一）适应技术跨越的在岗培训

　　工程科技人才在经历了大概 5 年的适应阶段后，开始进入职业的成长期，在这一阶段，企业不仅应该重视人才的专业培训等，还应该考虑到工程科技人才的知识更新，尤其是针对企业的一些技术跨越，对工程科技人才实施面对技术跨越

的在岗培训。例如，在信息技术领域，早期的软盘存储技术被后来的闪存技术代替，面临这样的技术更新，对于专业致力于软盘技术的职工，为了能够跟上时代的脚步，公司必须对其进行闪存方面的新知识和新技术的在岗培训，保证这些职工能够不被时代淘汰，保持一种持续发展。企业可以定期举办高新技术交流，邀请行业领先专家来做讲座和培训，使工程科技人才可以明确行业的最新发展趋势。企业可以提供开放的学习资源，让公司内部的人可以随时并自主地选择学习内容，来对自己进行充电，同时也提供对某些岗位建议性的培训内容，指导职工进行知识和技术升级。

（二）人力资源为人才规划职业成长体系

公司人力资源对每个职位制定一套职业生涯，保证人才的持续成长。在刚入职阶段，职工就应该能够看到自己的整体职业发展规划，在不同阶段会如何发展。例如，针对信息技术人才，是最终走向技术专家或者到一定高度后横向发展成信息技术管理人才，都应该有明确的规划，这样才能帮助职员逐步深入了解自己的岗位，循序渐进地在自己的领域里稳步提升。可以定期开放人力资源的职业规划一对一交流，对职业成长和职业生涯规划有困惑的职工可以主动申请一对一沟通，通过和专业人力资源的沟通，帮助职工更好地选择适合自己的发展方式。不同的岗位之间定期组织一次跨部门沟通，互相了解其他岗位的工作内容。也可以通过比赛和项目的形式来加强不同部门的联系。

三、推动企业工程科技人才的继续教育

工程科技人才在工作进行到 10～15 年，已经进入工作的成熟阶段，在某一领域已经能够独当一面，已经成为该领域的专家，这时候需要培养工程科技人才更多的综合能力，如商务战略发展能力、项目管理能力等，企业可以通过设立继续教育奖励基金，鼓励工程科技人才进入专业培训机构或者高校进行进一步培训，并以学位证书或者培训结业证书等作为考核标准，资助进行继续教育的工程科技人才学费，并将此培训证书作为职位晋升考核内容，激励这一阶段的工程科技人

才主动地提高自身综合能力。

同时企业还可以和其他培训机构进行合作，构建出一种合理的继续教育体系，和以前的教学方式相比，合理的继续教育应有五个改进之处：一是在学员的态度方面，学习的主动性加强了，以前是"要我学"，而现在则变成了"我要学"；二是学习方式不同，以前是非常死板的，一个封装好的套餐，必须全盘接收，而菜单式教学则是可以根据自身的需求进行组合，更为灵活，学习效率也更高；三是学习时间更为灵活，以前学习时间是固定的，而现在时间可以自己选择；四是更具有针对性，不同专业的学生可以根据自己的专业从而选择要学习的内容；五是更具有时效性，在网络教学系统中会有及时更新的具有价值的课程，这些课程与时俱进，能够让接受继续教育的人更和时代接轨。这种合理的菜单式教学应该被大力推行，企业应该和社会其他机构相互合作，保证这种线上教学资源的持续性。

四、建立与高校交流的长效机制

产学结合，除了高校方面的努力，更重要的一部分是企业方面要和高校建立一种长期的合作机制。为了满足企业对工程科技人才的需求，保证高校培养的工程科技人才能够符合企业的标准，企业可以和高校合作大力开展订单式教育，企业自主选择高校进行人才联合培养，在联合培养过程中，用人单位要深入到学生的课程设置、培养方案的制订等更深层次的教学管理之中去，使教育出的工程科技人才更适用，缩短在工作单位的适应期。

企业对工程科技人才的培养导向和人才成长都具有重要作用，因此我国工程管理教育应走一种以市场需求为导向、强调实用性的道路。可以建立产学研合作师资及人才教育基地。要求基地不仅要满足合作学校的师资训练，还要为企业的人才及其他高校的教师培训提供服务，并建议企业介入本科层次的工程管理第四年教育，尽早培养满足企业需要的合适初级工程科技人才，此外，还应引导企业介入研究生层次工程管理专业学位教育，提高专业学位的实用性，这里具体提出四点建议：①在很多重点院校中，可以和企业、社会等合作，邀请成功的企业家、专家学者等，成立相应的董事会，这些享有高知名度的董事会人员对学校制订专业教学计划进行指导，建立一个专业的指导机构委员会。②加大企业的教育力度，国家层面可以通过减税、免税等手段，鼓励那些业绩好、行业知名度高、有竞争力的企业开展工程科技人才教育项目，和高校一起，形成企业教育环节。③采用多种激励措施，让具备工程实践经验的企业员工到高校进行教学，弥补工程教育师资中缺乏工程实践经验的缺陷。同时也可以鼓励教师到企业中去参与实践项目，从而增加自身的工程实践经验，同样可以弥补师资方面的不足。④考虑工程科技人才的"工"型成长规律，完善工程管理职位的职业发展规划，结合企业真实情形，建立完善的晋升制度和收入激励机制，完善企业工程管理的成长路径。

企业还可以建立规范稳定的大学生实践实习基地，切实把教育人才作为自己的社会责任对待。学生的实习成本不需要企业自行花费，可以和高校进行合作，高校将学生的学费直接拨给企业，从而作为企业的教学成本。如果学生在实习期间表现优异，甚至可以为企业带来经济效益，那么企业也可以给学生一些奖励作为回报。而政府也应该给企业适当的费用补偿，以进一步支持企业参与到教学中。企业还可以鼓励经验丰富的工作人员到高校去做汇报，或者讲座，参与到高校的课程设置中去，这些都需要企业和政府的大力支持。